寻找人生的光

戴水君 著

化学工业出版社
·北京·

图书在版编目（CIP）数据

寻找人生的光 / 戴水君著. -- 北京 ：化学工业出版社，2026. 1. -- ISBN 978-7-122-49284-5

Ⅰ. B821-49

中国国家版本馆 CIP 数据核字第 2025XC6831 号

责任编辑：张　曼　　　　装帧设计：王秋萍

责任校对：杜杏然

出版发行：化学工业出版社（北京市东城区青年湖南街13号　邮政编码100011）

印　　装：中煤（北京）印务有限公司

880 mm × 1230 mm　1/32　印张7　字数 200千字　2026年1月北京第1版第1次印刷

购书咨询：010-64518888　　　　售后服务：010-64518899

网　　址：http : // www.cip.com.cn

凡购买本书，如有缺损质量问题，本社销售中心负责调换。

定　　价：68.00元

序

戴水君女士邀我为她的新书作序，起初我颇为犹豫。作为文科背景的读者，我对资本市场、企业管理的术语难免生疏；翻阅书稿内容，更见推荐者多是经管领域的重量级人物。然而，当我一页页读完书中的这些文字，那鲜活的叙事、真挚的思考，让我看见一本超越了专业藩篱的生命之书——它关乎记忆的温度、职业的信仰与成长的坚持，是水君奉献给读者的一部真诚之作。

书中最动人的，是作者对故乡与成长的深情回望。在书稿中，家乡的胡柚林、塔山上的劳作、定阳书院的青石板、奔跑过的小城深巷……字里行间，浮动着江南小城的人间烟火。戴水君与我是常山的同乡，她笔下写到的这些风物与地名，我读来尤其感到亲近。当我读到她写童年在校园“捡粉笔发现的宝藏”，在墙上涂写“打倒双胞胎”的顽皮往事等，娓娓道来中，仿佛触摸到一个野性生长的灵魂，被自由和大地滋养的过程。这些记忆，不只是怀旧，更是作者精神底色的源头，也是她人生之路的开端——故乡生活赋予她的自由包容，县城经验沉淀出的务实诚恳，成长过程中给过她温暖的人事，最终淬炼她成为职场中的佼佼者，也生长出“不说假话、不卑不亢”的底气和“求真务实、勤奋正派”的个性。

作为上市公司的董秘，水君对于自己职业的叙事，更展现了一种奋斗的力量。在这部分文字中，没有枯燥的教条，只有真诚而慷慨的分享——她将“信息披露”“投资者关系”等专业议题，融入一场场惊心动魄的实战：从IPO通宵加班的焦虑，到敲钟时刻的静默；从业绩说明会的“化妆间花絮”，到与股东老贺的“双向奔赴”。她以谦卑与敬畏为坐标，在资本市场的洪流中，守护合规的底线，更传递“向善而为”的价值观。这些故事，印证着她的信念，“认真的人会得到认真的结果”——所谓专业精神，终究是人的温度与真诚的延伸。

更珍贵的，是本书的文字里流淌的感恩之河。水君铭记着老领导“像嫁女儿”般护送她转岗的托付；感念着浙大导师窦军生教授“继续读书”的指引；珍视与DBA同学“三个女人一台戏”的酣畅切磋……无论是帮她在茶山凑足斤两的同窗，还是深夜教她裱画的小学美术老师，这些“贵人”，串联起她人生的珍珠。“贵人”为什么会在她的生命里常常出现？因为上苍会让心气同频的人走到一起。她对年轻下属的倾力培养，对子女“懒散慢”却充满尊重的养育观，也正是这份善意的延续。所谓传承，无非是将收到的光，再折射给后来者。

我与水君相识多年，从博客时代就有联系，而因为身在不同的领域，相互交流并不深入。直到去年某天，她忽然向我提起，想要写一本书，记录下这一路走来的心路与足迹。我当即鼓励她尽快写出来。而今，这份沉甸甸的果实，见证了水君的时光——《寻找人生的光》这个书名，恰是她这一路走来的隐喻：从浙财校园到上市钟声，从定阳书院到商业舞台，她始终在寻找一种平衡——事业与生活的平衡，规则与情怀的平衡，远方与根脉的平衡。这本书没有标准答案，却给出了最诚恳的回应：真正的成功，是在风暴中守住内心的秩序，在喧嚣中听见溪流的歌声。

故而，我落笔于此，推荐此书。这本书并非资本市场的功利手册，而是一位灵魂有趣的友人，以她的质朴、真诚与智慧，讲述自己如何在时代大潮中寻找和确立自我的故事。

它值得被翻开，尤其值得那些在奋斗路上追问意义的年轻人读一读——在尘埃与阴影之间，只要努力生长，终会看见光的方向。

是为序。

周华诚

2025 年 7 月 18 日于稻田读书

自　序

几年前，我作为浙江财经大学“最美校友”，以《稳稳的幸福》为题，回母校作分享。当时我说，人生路上我习惯一步一步走，虽然步子不大，每一步也不那么闪耀，但偶尔回头看看，发现积累得多了，并且每个脚步都是向上的，也就走到了新的高度。正如这本跨越二十年时光的随笔集，它并不是刻意写成的，而是在这些年的岁月里，随手记录下的一些生活点滴与思考。但当我一篇又一篇翻看这些文字时，忽然发现，正是这些无心插柳的零散文字，在日积月累中，汇聚和沉淀成了此刻的我。

本以为出书对于职场人士是遥不可及的事。我既未受过专业写作训练，又被日常琐事占据了大部分精力，对生活美好的感知总是迟钝，时常感叹“情怀无处安放”，缺乏写作灵感。所幸这些年始终保持着“随便写写”的习惯——从二十多年前的“远远读你”个人网站，到十多年前开设“寻戴水君”的个人公众号，即便每年只留下两三篇文字，但毕竟时间足够久，二十年下来竟也积攒了十多万字。去年读到同乡作家周华诚的《从写作到出书》，顿悟其实写作也不必刻意追求深刻，“你做三四月份的事，到八九月份自有答案”，时间自会把零散的记录酿出滋味。于是便有了这本集子。

这些年我担任上市公司董秘，工作需要时常“抛头露面”，既要向投资者推介公司价值，也时常会在公众场合做一些专业方面的分享和演讲。但私下里，我常常说自己是一个没有什么大理想的人，执着于家庭、事业、学习的平衡，我有热爱的工作和热爱的生活，以及架起这两者间的桥梁——热爱的学习。这本集子记录的正是这些年来我工作、生活、学习的点滴经历和思考。

第一章“所有爆发都是厚积薄发”，收录与职业成长相关的随笔。记录了我的工作感悟和持续学习历程，以及那些在工作和学习中给我帮助、令我快乐的同路人。既有上市敲钟时的激动与忐忑，也有信奉“根与翅膀”理念和充满“精神的魅力”的同行者。这些文字既记录着专业进阶的足迹，也记载了那些在职场、在校园相遇的良师益友。

第二章“回望是为了更好地前行”，回忆了我在故乡常山的成长时光，以及旅途中的故事。从胡柚林中的童年、钱塘江源头的书院往事，到异国他乡的文化碰撞，时空的碎片拼写出地理与精神的双重跋涉。

第三章“每天都是闪亮的日子”，记录了一些生活点滴和“把时间浪费在美好事物上”的独处时光。有我的一对龙凤胎孩子“歪瓜裂枣”的成长趣事，以及写给儿女的“懒散慢”教育观。重读这些文章让我仿佛又经历了一遍他们的成长过程。还有一些是日常琐碎的思考，主要是发呆和胡思乱想时的产物。这些零碎光斑，构成了生活本身的质地。

村上春树曾说：“重新思考是我的特长，这特长随着岁月流逝而愈加洗练。”这些跨越二十余年的文字，从涉世之初到人届中年，从青涩到不惑，见证了我从呼朋引伴到享受独处的蜕变——我享受到了人生不同阶段的不同韵味。

感谢这次出版契机，让我得以重走思考之路。“凭着爱，情怀不老”，我确信，我所经历的，以及这一路走来深深浅浅的脚步，都是我所挚爱的人生。

戴水君

2025 年 7 月 15 日于杭州

目 录

你是谁，就会遇见谁。想要收获，就要播种，一切都在于做好你自己。

第一章

所有爆发都是厚积薄发

上市敲钟的那一天

2017年5月3日，星期三。上海浦东。

电梯从金茂酒店54层开始缓缓下降，我的耳朵嗡嗡作响。送走最后一拨宾客，和酒店经理办完结算手续，我疲惫地拖着行李箱，穿过酒店狭小的三号门，初夏午后的阳光温柔地洒在脸上，黄浦江畔的微风不疾不徐地吹拂，宁静而美好。

总算是尘埃落定了，我长长地吁了口气。昨晚上市酒会的觥筹交错、五光十色，几个小时之前上海证券交易所的鲜花、掌声、红地毯，满目飘扬的红围巾，特别是那一锤定音的钟声响起，大屏幕上随之迸发出来耀眼的首日股票交易行情，这些在很长一段时间内我所向往和期待的场景，都如梦幻一般来了，又都过去了。作为此时此刻方才真正成为一家主板上市公司的董秘的我，作为公司发行上市过程中诸多纷繁庞杂的具体事务的执行者、协调者，恰恰因为亲历了每一个事无巨细的流程，所以此前对上市仪式的向往和憧憬早已化为期望每一个流程不出差错、顺利平稳地结束这一切，甚至是默默祈祷天公作美不要下雨这样的责任和压力。而待到有时间静下来细细回味和体验那段经历的时候，已然是上市近 5 个月之后了。

该从何时开始回忆呢，3 月 27 日是我们通过发审会的日子。这之前，是 IPO（首次公开发行）冲刺阶段——整个团队通宵加班、漫无边际又焦虑不安、不堪回首又难以言述的日子；这之后，是领取批文、路演、上市仪式这些既新奇又按部就班、既纷繁芜杂但又比上会前相对放松的、充满“幸福的烦恼”的日子。

4 月 7 日傍晚取得了证监会发行批文。证监会的批文每周下发一批，基本集中在周五。批文的取得意味着发行工作正式启动。我们的股票发行日期 (T 日) 确定为 4 月 20 日。周末，我便收到中信证券 ECM(资本市场部) 的邮件，内容是自 T-7 至 T+8 共 16 个交易日的《发行时间表》，以及这 16 个交易日每天需要完成的工作和对应责任人。我粗略数了一下，有 120 余项任务，心中不禁略略紧张。双休日时，我把每项工作所需准备的资料大致梳理了一下，发现除了烦琐外，倒也没有什么有实质性障碍可能导致任务延误，毕竟刚刚经历了 IPO，与证监会发行部的严苛相比，交易所的服务以及对上市文件的要求，显然已经相当人性化了。更何况，我们有一整个专业的团队在战斗。这样想来，除了需要时刻提醒自己细心再细心、确保每个环节万无一失之外，倒也没有什么好担心的了。

随后便迎来了周一，4 月 10 日，这是日程表上唯一一个没有安排工作内容的交易日。大家根据日程表中的工作分工，分头准备，我也将之前梳理的一些有疑问的、可能耗时较多或需要外部配合的工作做了记录，以便晚上开电话会议时沟通交流。据说这之后的每天晚上，我们七八个人都得开一个这样的电话会议，对前一天的工作进行分析总结，然后再次确认第二天的工作事项。第一次电话会议后，再次收到的邮件就不只是每天的工作事项了，而是细化到了每个人每小时的工作任务。在这看似琐碎重复的工作中，我感受并学习到专业、高效的工作方法和职业精神。

之后的一段日子，我三天两头往上海跑。和中信的巍霖约好都住在八佰伴的亚朵酒店，白天一起去交易所、中登公司，晚上回来各自整理文件、补充材料。巍霖是个90后男孩，工作特别认真仔细，材料准备也是力求尽善尽美，到了上海竟然还经常加班做材料到半夜。后来的路演、摇号仪式，都是我们一起参加的。

路演的时间是19日下午，在上海证券报社的演播厅。报社的领导热情地接待了我们，大家愉快地交谈。随后按照既定的流程拍合影、个人照、领导致辞等。由于除开场和结束的领导致辞需现场直播外，其余问题均通过线上作答，且所有的问题都能在招股说明书中找到答案，所以整个路演的气氛还是相当轻松的。除了直播时段，大家都可随意走动、随意交流，三个小时很快就过去了。由于路演结束时还在上海的限行时段，杭州开来的车还走不了，领导们就挤上了晚高峰时段的地铁,估计是一路站到虹桥站，坐上晚上的高铁返杭了。而我还得留在上海，因为接下来还得参加听起来有些庄严的摇号公证仪式，俗称的“打新股”环节。

公证摇号仪式是21日上午，我赶到现场时，交易所的机构服务中心人员、公证员、主持人都已经在现场等候了。核验过身份证件等材料以后，主持人宣读了摇号规则，详细说明如何产生后四位、后五位直至后九位的中签号码，最后一个数字是后九位相同的号码，近乎十亿分之一的中签率。随后，公证员现场宣读公证文件，并由我在工作人员预先填写号码的大红海报上郑重签名，见证第一批社会公众股东的产生。摇号完成后，我笑着对工作人员说："我总算知道为何自己总是中不了新股了——太难啦！"

临走的时候，工作人员把刚才我签字的那张公告海报从架子上拿下来，小心翼翼地折叠好，装入一个大信封交给我，说是给公司留作纪念。接下来，上市庆祝酒会就该闪亮登场了。时间是 5 月 2 日晚上，曾经的上海第一高楼金茂酒店，宾客们在中午以后就陆续到来。尽管之前公司的后勤服务小分队已经进行了多次演练，但午后大批客人集中抵达时，既要协调房间，又要发放礼品，还要接待贵宾，还不时地接到客人变更行程的通知，一时之间场面略显混乱。所幸，这样的混乱没有持续太久，在财关公司和酒店的配合下，秩序很快恢复如常。

华灯初上，盛装的来宾们笑意盈盈地走过红地毯，在签名墙上留下了自己的大名。华丽的宴会厅高朋满座，炫目的灯光映照在每个笑容绽放的脸庞上，大家端着酒杯互相道喜，共同见证了股票代码的启动仪式。

几个小时以后，宾客陆续离场，公司的高管和中信证券团队还不舍离去，大家纷纷走上舞台，摆出各种朝气蓬勃的姿势纵情留影——终于，可以尽情地宣泄压力、挥洒喜悦了。

然而我的工作并没有结束，在这个庆祝酒会上，我没有办法放松心情。毕竟，第二天一大早的上市仪式才是官方的，最重要也最不能出差错的仪式。这么一个隆重的场合，仅为了确定上主席台见证敲钟的贵宾、致辞的领导、敲钟的人选以及领导的站位等，董事长也是操碎了心，更何况贵宾们事务繁忙，人员和行程都有极大的不确定性，直到上市前一天都还在不停地变动。

终于迎来了 2017 年 5 月 3 日。前一天下午的阵雨并没有持续太久，到晚上酒会时就已停了，反倒给 3 日清晨的浦东带来格外清新的空气。8:45 开始，宾客们坐着专车陆续抵达上海证券交易所。交易所的大厅布置得喜气洋洋，大家纷纷合影留念，然后在礼仪小姐的带领下来到位于五楼的交易大厅。现场安静肃穆，每个人都在静候那历史性的一刻。毕竟来到现场的大多数人，都是第一次亲历这样的仪式，也许也是此生唯一的一次。

我或许是全场除了交易所工作人员以外，唯一没有找位置坐下的人。我退至会场最后一排，静静地听着、看着，来不及感慨，也几乎没有拍照。也许是真累了，也许是如释重负，一时还不知道想些什么是好。说好的热泪盈眶呢，说好的要享受“巅峰时刻的抱头痛哭”呢？

当钟声响起，大屏幕跃动出股票代码和行情的那一瞬间，我满脑子都想着那句话：“一个人类群星闪耀时刻的到来，必然有漫长的无谓的时光流逝。”充满戏剧性和命运攸关的时刻，在个人的一生中和企业的进程中都是难得的，这种时刻往往只发生在某一天，某一小时，甚至某一分钟。“精诚所至，金石为开”，经过漫长时间的流逝和等待，终于迎来了这一刻——公司发展进程中那“难得的时刻”，那“宛若星辰一般散发出鼓舞人心的光辉”的“群星闪耀时”。

对上市过程的记录应该到此为止了。然而，思绪却仍未停止。在来到公司一年不到的时候，就亲历、见证了这么多新奇的、煎熬的、幸福的时刻，我何其有幸。

我想起，初入浙江大学读 MBA 时，那位率真正直的黄宏辉老师在财务会计课堂上说：“大家应当思考，读完 MBA 以后做什么？如果不是自己创业，那可以考虑去找一个你值得托付的民营企业老板，去一起把公司做上市。”我不知道同窗中有几个人留意到这句话，但这句话的确在我的心头泛起了涟漪。

我想起，2014 年 3 月在杭州世贸酒店，我参加了深圳证券交易所第 32 期董秘培训。最后的总结课程上，老师说：“多少久经沙场的民营企业家在走出发审会现场的证监会走廊上，或抱头痛哭，或潸然泪下，没有能够顺利过会的甚至直接瘫倒在地。那是何等悲壮的场面。既然大家今天来参加这个培训，希望大家有生之年能够体会一次那样的心情。”彼时我便想，如果有机会，我也想去体会一次这样的“巅峰时刻的抱头痛哭”。

我想起，2014 年年底看到万科董秘肖莉的离职感言时，所带给我的触动和振奋。她说她在万科二十年，与企业荣辱与共、甘苦相随，在一纸雇佣合约下，全情投入，留下深深的感动和热爱，“在人生的黄金岁月里，找到一群志同道合的人，让彼此的热情相互激发，让彼此的光芒相互辉映。作为一个职业经理人，还有什么能比上天赋予你这个平台更让你眷恋的呢？”

是的，我一直相信人生的某种机缘，一直相信微不足道的小事有时会演变成人生的重大经历：在这段经历中，我感谢那最初的“涟漪”。正是那些不经意间、看似互不相干的“机缘”和“涟漪”串成了“初心”。在“初心”的指引下，冥冥之中我走上了一条少有人走却是我想要走的路。

在这段经历中，我感谢平台和团队。我任何时候都深知，就个体而言，每个人所能起到的作用是微不足道的。如今能感受到小小的成就感，能有这段共同奋斗的经历可以回忆，是因为加入了一个合适的、有共同目标和追求的平台。

在这段经历中，我最感谢困难和波折，以及在困难中结下的情谊。成功的花之所以明艳，是因为这是奋斗的泪花。在这个共同战斗的团队里，每个人都经历了面对困难时的无助、面对不确定时的惶恐、喜讯降临时片刻的雀跃，而正是那些被深恶痛绝、不堪回首的加班熬夜、挑灯夜战、惶恐不安，那些磨难和波折带来的“甘苦相随、荣辱与共”，才让微不足道的成功变得更珍贵，让往事的回味越发隽永。

再见，但这不是告别

说起来，我算是一个有点情怀的人。因此，在一些重要的时间节点，如果不写下些什么，就有点对不起文艺中年的“情怀”了。

2016 年，我离开工作近 20 年的企业，加盟一家 IPO 排队中的企业，参与该企业上市冲刺阶段的工作。还记得那天，大雨倾盆，85 岁的老董事长（下文中的周董事长）执意要陪我去见见新公司的老板。坐下来他就絮絮叨叨地说：“我其实离不开她，但我 85 岁了，我的事业不会再扩张了，我送她来，是因为我不能拖累她。她还年轻，需要更大的平台。她跟我十几年了，我今天送她来的感觉是像嫁女儿，这对我来说也是第一次……”

从前，我认为自己的人生是不曾大富大贵，也不曾穷困潦倒；不曾大起大落，也不曾沉寂平淡。在平凡的现实生活中总有一片任自己驰骋的天空，这使我能够温和宽容地看待世事并由衷地感谢生活。如今，我依然愿意把这句话作为此刻的主题。

一路走来

想起 1997 年大学一毕业就来到钱江北岸三桥旁边的滨江四号地块,开始所在的项目是公司和其他单位联建的,我是联建方的代表。因为合作的关系，经常和公司打交道,时任的总经理觉得我精干、好学，也有一定的文字功底,所以 2002 年项目收尾的时候就调我来公司担任总经理秘书。那时候公司因为规模大，又是外资房地产公司，资金实力雄厚，在杭州房地产界有一定影响力。能在这个平台上给总经理担任秘书，对我是不错的锻炼机会，我至今仍感谢当年总经理的知遇之恩。

但在 2004 年 12 月 4 日，公司发生了一场“人事大地震”,原总经理仓促离任,从福建调过来一个新的总经理,周董事长也从原来的几乎不过问公司事务到经常来公司办公。由于前任老总的离任并不愉快，与公司没有正式地交接，公司在那两个月一度陷于混乱之中。我由于之前担任总经理秘书一职，成了最了解公司情况的人，后来用了近两个月的时间协助新任总经理理顺各项工作关系，至次年春节，公司基本上走出混沌，步入正轨。原来的老总虽然离开时心有怨气，但后来也找到我，让我“保护好大家(指留下来的老员工们)，做好公司各项工作”。新任的老总南总曾多年在香港大集团工作，是个很懂现代企业管理但也十分谨慎的人，他竟在短短几个月里信任并完全接纳了我，对我委以重任，并连年提名给我升职，以至于我从办公室主任到总经理助理以及之后担任副总经理，基本上是在短短三年之内完成的。可以说，南总是我生命中的贵人，帮助我实现了职场上的迅速升职。南总在 2008 年公司两大项目基本结束时回了家乡，但我们在那几年中的合作非常愉快，至今我们仍然保持着非常好的私交。

世事多巧合。为什么我会清晰地记得是 12 月 4 日，因为正是在那对于公司惊心动魄、异常混乱的一天，我迎来了人生中的重大利好——通过了国家司法资格考试。为什么我会去参加司法资格考试？记得是当年 5 月的一天，我从省高院办完事出来，顺路拐进一家法律书店，看到前一年的司法考试教材，弄明白原来考了这个可以拥有律师资格，于是就买了厚厚的三本大部头回家看了起来。没想到越看越入迷，甚至到了整整三个月除了上班就足不出户读书的境界。后来，抱着试试看的心情参加了当年 9 月的司法考试，没想到居然一次性通过了，还多考了十几分。备战司法考试的过程中所学到的法律知识、法律思维让我学以致用，成为我日后工作的重要利器——我可以代表公司参与重大谈判、独立起草合同，在公司对外投资与商务合作等方面平衡好商业机会和法律底线的尺度，为老板决策提供建设性的意见。

从 2005 年到 2008 年这四年间，公司事务异常繁忙。一是当时公司两大楼盘处于建设期，二是房地产销售回笼了大量现金，老板加快了对外扩张，收购了几家高科技公司，包括一家香港的上市公司。

后来上市公司占了我们公司 30% 的股份，周董事长也担任了董事局主席，似乎公司也算借壳成功，在境外资本市场走了一遭。我在其中做了一些衔接、沟通的工作，这时遇到了人生的又一贵人——这家上市公司的 CEO 林总。周董经常说林总是我的“老师”。那时候公司刚刚通过艰难的谈判收回一个项目，根据合同要支付两个多亿的对价，但因为境内银行贷款对房产公司收紧，逾期付款会导致违约，面临重大诉讼风险。

公司分析国家经济、房产局势，决定转向境外融资。林总精通金融、资本市场的运作，在林总的帮助下，我如饥似渴地学习，终于在几个月后实现了一笔六年期、3200 万美元的境外融资。这笔资金如雪中送炭，帮我们结清了所有的收购款；同时，由于境外融资利率极低，加上汇率差，六年后我们发现这笔贷款还净赚了千把万。这是我第一次参与境外融资，之后我们又操作了一笔险些成功的“内保外贷”业务，学到了不少知识。但最值得一提的是，谦谦君子、风度翩翩的林总，他运筹帷幄、思维缜密又谦逊低调、务实而又专业，是我人生路上的良师益友。

可爱的老头儿

一路走来，总有贵人相助。接下来不得不浓墨重彩地写写我们的老头子了——我们那 85 岁高龄的周董事长，他是 60 岁从中国美院的领导岗位上退休后开始创业的。

他精神矍铄、思路清晰，常常一个人满世界飞来飞去。你若说这是“夕阳无限好，只是近黄昏”，我一定会告诉你：“莫道桑榆晚，为霞尚满天。”

老头儿早年一直在高校工作，做过军区司令秘书，当过哲学、逻辑学教员，多年来登上福布斯、胡润慈善榜；爱读《史记》《资治通鉴》，通读《资本论》，学英语是通过读英文版《毛泽东选集》。他一直欣赏我的好学精神，鼓励我不断学习。我考上浙江大学 MBA 脱产班后，他让我“全职读书，兼职工作；工资照发，学费报销”，于是我优哉游哉地在浙大度过了两年无比美好的时光。我几乎不用去公司，因为老头儿会时不时地跑到浙大来和我谈事情。他原本计划让我毕业后继续读法学博士，因为公司的事也不会太忙，读书正好可以兼顾，是我自己没有这份兴致，或许是因为认为自己对此已力所不能及。

我在成都参加董秘培训时，他深夜打电话说第二天要见我，有要事商量。我很不好意思地告诉他，正在培训回不去，本来还有件私事应与他面谈，因为有家 IPO 排队中的企业有意让我去担任董秘兼行政副总，我觉得这是个不错的机会，可以学到全新的东西。他当即表态："可以去。"第二天晚上，他又来一个电话，说要告诉我三句话："第一，你人品好、能力强，对我的公司和我个人作出了巨大的贡献，在公司无人能及；第二，你还年轻，应该到更大的平台上锻炼自己，但我一定要和你去见见你新公司的老板；第三，公司收尾的一些事务要继续参与。"于是，就有了开头所说的"嫁女儿"那一幕。由前老板陪着，将员工送到新公司，言辞恳切，令人动容，这样的"移交"，对我们三个人都是第一次。"语言永远只能在思想和情感之外徘徊，而永远无法到达思想和情感的圆心"，那情那景，除了感动，我已无法用语言表达更多。

职场与家庭

回顾我的"职场"生涯，我深深感受到自己是沐浴在友情、亲情的关爱中成长起来的。为什么我在"职场"上打了引号？因为我一直认为我这二十年是生活在一个大家庭中，它温暖、包容、坦诚。无论我是初入公司时的"小蒂头”,还是我走上公司高管岗位成为他人心目中的“戴总”,我始终是大家心目中的“小戴”。我的许多同事都是跟随董事长从美院来到滨江的“老革命”,她们比我资历更深、经验更丰富,但她们始终无比呵护和关爱我的成长。

我是个生活自理能力比较差的人,所谓的“好养活,难伺候”。我总不按时吃饭,常常饥一顿、饱一顿,她们每天要把饭菜端到我桌前,逼我准时就餐。我怀孕的时候不吃点心不吃水果,她们每天把水果切好、点心备好,督促我加餐。生孩子时,她们陪我产检、联系名医、落实病房、炖好参汤,孩子是她们抱出产房的。月子里,她们忙前顾后,猪脚汤、鲫鱼汤、各类下奶偏方,每天不重样,从家里炖好送到我床头。她们开始是我的同事、长辈,后来是我孩子们的小外婆、大妈妈、小妈妈、哥哥姐姐,未来仍然会是我最重要的亲人和朋友。

我们,只会再见,不会告别。

你是谁,就会遇见谁

时光飞逝,回首昨日,我是如此平凡,却又如此幸运。

和许许多多的朋友相比，我这近二十年的“职场”生涯，是平淡无奇的，也是无所建树的。

幸运的是，我仍然在这平凡的现实生活中找到一片任自己驰骋的天空，我拥有了最富贵的东西，那就是“独立之精神，自由之思想”，我有“能做自己的自由和敢做自己的胆量”。如果有人对我这样平凡而又平淡的经历有所感悟或羡慕我这“稳稳的幸福”，羡慕我这一路上贵人的相助，那么我想说：你是谁，就会遇见谁。想要收获，就要播种，一切都在于做好你自己。纵使未来我也将经历风雨，但我仍将努力坚守这一点。

每个人心里一亩田，用它来种什么？我心中的那一亩田，该用来种什么？此刻，我的答案是种下真诚、种下梦想，收获真诚、收获梦想。

感谢所有在过去和现在帮助过我的人们，我会永远保持这份真诚的谢意。

认真的人会得到认真的结果

“董秘”这个看似神秘的角色，是企业的“内当家、外当家、参谋家”，如何扮演好这个角色呢？

当好内当家，多维度提升信息披露质量

信息披露的意义之一在于呈现公司价值。除传统合规性要求外，新《证券法》要求信披内容要与“投资者做出价值判断和投资决策”有关，即高质量的信披应是“合规性与有效性并重”。

做好“合规性”，首先要有正确的价值观，要有合规的理念，即思想上“不想”违规；其次要学深悟透规则、持续学习，日常工作中高度关注最新文件、政策、监管动态并及时传达给董监高。比如我们将上证报自 2019 年以来共 45 期《沪市上市公司监管锐评》汇编成册，下发给“关键少数”学习，收效颇佳；最后是保持与监管老师密切沟通，对于不确定的事项或规则解读等，虚心向老师求教。

信息披露“有效性”对公司公告提出了更高要求，同时也给了那些有远大理想并能将公司价值和主张以“简明清晰、通俗易懂”的文字描述出来、帮助投资者有效决策的公司以脱颖而出的机会。要做到“有效性”，一方面要求我们对公司所在行业、公司价值、核心竞争力、未来发展前景有深刻理解，并能把这些内容在公告特别是定期报告中呈现出来；另一方面是要了解、洞察投资者所需，回应投资者关切，写投资者愿意读到的、可以为投资者答疑解惑、更好决策的内容。

这要求董秘日常要非常注重投资者关系，只有亲力亲为，才能通过多渠道的投资者交流，发现和积累投资者普遍关心的问题，这样撰写公告才有重点，而不是流于形式、千篇一律。

当好外当家，多渠道维护好投资者关系

公司在投资者关系工作方面渐入佳境、亮点颇多。主要工作方法有：

一方面是利用好信息披露载体主要是公司公告这个平

台，尤其是年报这个平台。公司上市以来，董事长亲自在年报中写致股东信。正如巴菲特所说："正直和坦诚在管理者与股东交流中有重要意义。"以致股东信的方式与投资者坦诚交流，效果很好，不少投资者表达了他们的信任和感动。有基金经理表示，是看了致股东信后，才买入公司股票并长期持有的。

另一方面，董秘应把握每一次与投资者交流的机会，包括投资者调研、电话交流、路演、策略会、"反路演"等，要重点突出、简洁清晰、真诚坦率地将公司的核心竞争力、未来发展前景以及可能面对的困难和风险，讲清楚、讲透彻。董秘只有到一线去"听到炮火声"，才能真正读懂投资者、读懂市场。从这个意义上说，我认为信息披露和投资者关系是相辅相成的，信息披露做得好，就容易找到与公司志同道合的长期投资者；投资者关系做得好，就更理解投资者的诉求和关切，信息披露会更精准更有价值，形成良性互动，为公司吸引更多优质投资者的关注和青睐，最终为好公司带来好估值。

当好参谋家，多方面促进公司做优做强

当好参谋家，对董秘来说更是挑战：要有高站位，要有战略思维，要客观中立、敢于谏言，还要有很强的持续学习及快速接受新事物的能力。我想，每一位优秀的董秘，都应该经历从事务型董秘到专业型董秘再到战略型董秘的执业进阶之路。这一方面要求我们要不断学习，成为公司里最会思考的那个人，才足以做一个“足智多谋”的参谋家；另一方面，要努力从提升公司管理水平、创造好的经济效益、保护投资者利益、建言献策等方面促进公司做优做强。

好公司与好董秘是相互成就的。《巴菲特致股东的信》中说：“如果一个公司确立起诚信、理性、公平的好名声，股市最终会给予奖励。”董秘要有成就，需要一个有远大理想并且有正确价值观的公司平台；而公司要确立好名声，在于“关键少数”，董秘作为上市公司的窗口，更是责无旁贷、任重道远。

“认真的人会有认真的结果”，这是我履职上市公司董秘的最深体会，我想，这也是做一切工作共通的道理。

“向善而为”的思考

[注：本文写于2020年春节期间，系公司内部组织学习董事长《金石，何以向善而为》讲话的体会。时隔几年，在筹备ESG（环境、社会、公司治理可持续发展）报告的当下，再次读来，更为公司当年提出“向善而为，共益共生”的前瞻、务实，特别是与当前“共同富裕”大背景的契合感到宽慰和喜悦。]

经过很长一段时间的思考和讨论，我们最终将“向善而为，共益共生”确定为公司的核心价值观。“向善而为，共益共生”这八个字，既反映了董事长的创业初心，凝聚了公司的使命愿景和发展战略，同时也是公司基于对“成就伟大企业必然要有超越利润之上的企业文化与价值观”这样的趋势判断作出的正确选择。

以下，结合实际从公司、部门和个人三个方面谈谈我对“向善而为”的理解。

首先，从公司层面，“善”是担当和责任，是人文关怀，是共益共生。

第一，这是经过深思熟虑的。每个成功的企业都有其独特而牢固的企业文化。企业文化就是企业做事的方式，是最务实的东西。在现实生活中，我们所见的企业文化常常表现为挂在墙上的标语、嘴上喊喊的口号，导致很多人把企业文化或价值观误解为很虚幻的东西。很多企业发展到一定程度，也意识到了文化的重要性，但在具体提炼的时候，或流于形式“抄作业”，或脱离公司实际情况一味追求“高大上”，并未和公司实际，特别是创始人的初心、理念很好地结合。我自 2016 年 5 月加入公司以来，和董事长有很多次这方面的交流和探讨，但坦率地说，或许是因为时间不长,之前对公司和董事长理念的理解并不深入，我并未能提出有公司特色的理念体系。这一两年来，利用公司宣传片这一载体,在无数次反复修改解说词的过程中，我们逐步地完善了公司文化的表述，包括愿景、使命、公司战略，并且现在还在完善过程中。

我之所以要交代公司“向善而为，共益共生”价值观的出炉背景，是想表达这样一层意思：一个企业的价值观，不是哪里抄来的，不是心血来潮、突发奇想的，不是当作口号来喊的，而是深思熟虑、长期思考的结晶，是董事长创办企业初心的凝练，是有企业特色的，值得每位员工细细品味、慢慢吸收。

第二，这是富有远见卓识的。置身世界企业发展史，无论是“共益企业”，还是“商业向善”，都是比较领先的理念。2018年7月12日，长江商学院创始院长项兵在《南方周末》发表长文《商业向善，一股即将澎湃的浪潮》。文章指出：“一股‘商业向善’的力量正在成为新的潮流。在人人都是中心的互联网时代，商业企业将更关注社会、用户、员工和环境的关系，把做‘好事’纳入企业的盈利策略中，为社会带来积极的影响力。他们发现，让商业成为一种向善的力量，对商业利益最大化也有帮助。”

在学术圈，项兵院长将“商业向善”称为“一股即将澎湃的浪潮”；企业实践中，国外有谷歌公司早早提出“不作恶”，国内有腾讯公司提出“科技向善”，这几家都是互联网行业的巨头。可见，从学术上看，判断这股浪潮“即将到来”；从实践中看，能真正认识到商业向善的力量并有勇气提出来的企业也并不多。我所在的公司虽然是细分领域的龙头企业，但总体来看，目前还只是一家中小规模的民营企业，特别是我们所处的行业还是“小散乱”，现实中难免还有“劣币驱逐良币”的情况发生。在这种背景下，董事长提出“向善而为”，要“有所为有所不为”“只赚有意义的钱”是极具前瞻性的，体现的是智慧、勇气和远见卓识，这是公司基业长青、成为世界级的好公司的基础。

第三，这是需要落地生根的。落地生根，我们可以参考同样来自长江商学院的朱睿教授提出的“商业向善”共益理论的三步：第一步，一家公司不仅要利己，更要利他，其中包括客户、职员、股东和供应商等，这才是一个“共益”的价值观。

第二步，一家公司关注的公益问题如果和其他公司雷同，说明可能没有经过真正的思考，它应该将其自身的业务与社会痛点结合起来，在其最有优势的地方发挥力量，创造最大的价值，这才能让公司的行为可持续。无论是战略资源安全还是保护生态环境、保障生命安全、引领行业高质量发展，正是将我们自身的业务与社会痛点、社会关注问题很好地结合起来，以期在我们最擅长的领域发挥力量，解决社会问题，创造最大的价值。

第三步，要对此有完善的制度保障。这是我们目前亟需着手落实的工作。企业的领导者造就了企业文化，目的是成就不平凡的事业，但其途径却必须通过员工来实现。董事长在讲话中认为“为员工实现自我价值创造好平台和机制是人文关怀最有意义的一方面”，我非常认同这一观点。我认为，那些能让普通人成就不平凡价值的组织，才是最让人钦佩和欣喜的。在过去的两年中，我有机会担任了浙江大学 MBA 提前批和正式录取时的面试官，面试了数百位青年才俊，其中好几次碰到来自知名互联网企业的考生。他们的职位大多属于公司中层，偏技术和营销的居多，当他们坐下交流的时候，言谈之中的兴奋、自豪、热情，那份神采飞扬，那份侃侃而谈，真的让人无法抗拒，考官都不由自主地被带入他们的境界。但是，当翻开他们的履历，真的一点都不起眼，都不是名校毕业。普普通通的学校，普普通通的资历，普普通通的背景，普普通通的岗位。我相信，正是因为在他们企业的文化体系下面，让普通人成就了不平凡的价值。

因此，在我看来，要让企业文化在每个员工身上发挥作用，激活个体，激发个体的积极性和主动性，在实现企业目标的同时让个人的目标和价值得以实现，是最为重要的。以下几点尚不成熟的想法供探讨。

一是完善激励体系。年前公司推出了上市以来的首期股权激励计划，令人欣喜。激励计划究其实质是薪酬体系的一部分，但是为什么为数众多的企业要以股权激励来作为薪酬的一部分呢？直接提高薪酬待遇不好吗？事实上，假设目前公司薪酬或福利的总额不变，但若采用不同的方式（如精神激励），对待不同员工在不同阶段采取不同的激励手段，其最终效果是可能比现在好的。

举个例子。在另一家公司，我分别多次与本地的基层员工有过交流。一位本地的驾驶员说，自己从农民变成可以在公司上班的工人，非常自豪，过去没有想过，在家门口上班有这个收入，性价比比在外打工要高很多。一个办公室的女同事说：“公司真的对我们很好，有食堂吃饭，只要交很少的钱，本地的其他企业效益都不好，养老保险都交不出，我们公司还给员工交住房公积金。”一位选矿厂的工人说，公司出事故后停产，还有每次听到人家对公司的负面评价，自己就寝食不安，觉得这么好的公司不该遭受这些。听到这些普通员工表现出来的对公司的热爱，我很感动，听到的时候有想流泪的冲动。我们常常不为豪言壮语感动，但听到这些朴实的表述，我相信这也是董事长做企业的一份成就和慰藉。可见，要真正凝聚员工，除了一份薪酬，赋予员工以自豪，我们做好企业公民，让员工感受到满满的幸福感，是尤其重要的。

因此我认为加大精神激励尤为重要，提高激励特别是精神激励频次及仪式感（而不是年终一次），以提升员工幸福感。如何更科学、更有效、更有针对性，需要更专业的团队来设计。根据“马斯洛需求层次理论”和“保健一激励双因素理论”，我们可能需要改变现有的激励结构和方式。企业有温度，员工有激情，工作才会更快乐。如果说我本人对公司有什么期待，那我最希望的是在这里工作的每个人能够更加灿烂。

二是建好培训制度。目前子公司领导以及中层大多是技术出身，但现在多在承担管理工作。对于很多中层年轻人，事实上已经在承担管理工作或有愿望从事管理工作。但我们的矿业行业和区域所限，相对来说与外界接触较少，所以对培训尤其是管理培训是亟须的。公司春节前已经在接触相关培训机构，年后需加快系统培训方案的制定和推出。同时，现在网络学习的机会非常多，有“学习强国”“得到”“喜马拉雅”等 APP，都有大量免费的学习资源，或者交极少的费用就能获得极好的网络学习机会。公司可以把年轻人组织起来，以微信群、读书会等各种方式，向大家推介、宣传这些学习渠道，必要时做一定的强制学习要求，定期分享并予以奖励。公司也要培养自己的讲师，宣贯企业文化，分享专业知识；公司还可考虑在各子公司建设更加高规格的阅览室、培训教室，丰富员工的业余文化生活。

三是讲好企业故事。我有时很诧异，为什么那些互联网公司会保留初创时的影像资料。那时候他们还很艰苦，完全就是散兵游勇，朝不保夕、风雨飘摇，工资都发不出来。而且当时不像现在，有个手机就能随手拍。得有多么坚定的信念和对未来的“相信”，才会在公司起步的时候就把那些好的、坏的、对的、错的、幼稚的、天方夜谭的东西都记录下来?

“向善而为，共益共生”这个价值观就是用来指引我们工作的。因此，我们在做决策拿不定主意时，在出台一个文件通知涉及他人利益时，在处理任何一件事情时，都是需要对照这个价值观的，要问一问这个文件发出来、这个决定做出来，是不是符合我们的价值观？围绕这个价值观，我们还应该做一些什么？要出台什么制度？并且，我们应当鼓励各部门、各子公司把日常的思考、决策的过程、先进的事迹记录下来，形成企业的管理案例。案例多了，就具有指导性，让更多的员工知道当遇到类似事情时，按照公司的价值观，应当如何应对和处置。一个企业要成为伟大公司，所走的每一步，都是在书写伟大公司的历史。

其次，就证券部而言，“善”是有所敬畏、不说假话、不卑不亢。

公司证券部门是投资者、媒体、监管部门了解公司的窗口，是公司内外沟通的桥梁。证券部工作人员的言行、发的每一份公告、回复的每个互动问题、接听的每个投资者电话、参加的每一场交流会，都代表着公司的形象，体现公司的理念和风格。在监管从严的大环境下，我理解证券部的“善”至少要包括：有所敬畏、不说假话、不卑不亢。

一是有所敬畏。谨记上市公司要敬畏市场、敬畏法治、敬畏专业、敬畏投资者，同时不作恶，守底线，有良知。证券部门在任何时候都不能膨胀，要战战兢兢、如履薄冰，如何小心翼翼都不为过。

二是不说假话。季羡林老先生说：“要说真话，不讲假话。假话全不讲，真话不全讲。”对于上市公司而言，在满足信息披露完整性的前提下，虽不可能把所有的真话说出来，但要确保说出来的都是真话。信息披露要平衡公司经营和满足规则要求，若能做到“不说假话”就是最大的“善”。

三是不卑不亢。这主要是针对投资者关系而言。投资者关系、监管关系、媒体关系的处理，都存在如何既合规又有效的问题。因此，证券部的“善”包括如何把握分寸和“度”，要做到不卑不亢、不密不疏、有所言有所不言。

最后，对我来说，“善”是自律，是真诚，是专业。

“穷则独善其身，达则兼济天下。”审视自己四十多年的生命历程，我清醒地认识到自己目前所处的位置是“不至于兼济天下，不止于独善其身”，也就是说做不到兼济天下了，但也不应该只止于“独善其身”，接下来的目标应是尽可能地帮助身边的人。再小的个体也有自己的品牌，我给自己的品牌标签是“自律、真诚、专业”，这也是我所能做到的“善”。

一是对己自律，做好榜样。因为自律方有自由，自律的人才能内心坦荡、人生自在；作为公司高管，自律也是做好榜样，赢得尊重，加强领导力。

二是对人真诚，知人善任。抛去急功近利的想法，我认为社交无技巧，如果要说有，那真诚就是唯一的技巧。作为已经有一定资历的管理者，很重要的一点是要培养下属。知人善任也是“善”：要在专业上帮助下属学习，在做人上帮助下属成长，在工作上给予下属机会，帮助年轻人更好更快地成长，培养好企业的人才梯队。长江后浪推前浪，再厉害的人都终要退出历史舞台，在工作上获得的成就感也许是改善了自己的生活，但如果能够帮助到一些身边的人，特别是年轻人的成长，对他们的一辈子都是至关重要的。是善莫大焉。

三是对事专业，持续学习。专业（包括管理专业）是我们在社会上安身立命的基础，证券部门的法规、精神，每天都在更新，行业也是日新月异，工作中要对话的都是专业和精英的人群，只有过硬的专业基础以及不断学习的意愿和能力，才能胜任工作，并真正被认可、被重用，特别是民营企业。

公司价值观的明确，只是一个企业迈出的第一步，是伟大事业的起点。相信在一个优秀价值观的引领下，以成就“世界级好公司”为目标，一路上时时总结、时时校正，一个企业定能成为有温度的伟大企业，每个个体都将有机会成就不平凡的人生价值。

边做董秘边读书的岁月

和八年来的每个早晨一样，那一天，我从“郡亭枕上看潮头”的之江路绕到玉皇山路，路过雷峰塔，看一眼“一蓑烟雨任平生”的苏东坡的纪念馆，就拐到满目青翠的杨公堤，经过几座起起伏伏的桥，体会一番“绿杨阴里白沙堤”。

一路穿行在绿影婆娑的梧桐树下，间或阳光从叶隙间洒下，便觉得每天都生活在诗里。

那一天是我来到这家公司工作八周年的日子。许是冥冥之中的感应，我那93岁高龄的“前任”公司周董事长这段时间频频给我打来电话，开口第一句便是：“小戴啊，你还好吗？你现在公司老板对你好不好啊？”依然思维敏捷、中气十足。

记得八年前的这个时节，当时已85岁的老董事长冒着大雨非要陪着我来金石“面试”新董事长——老董事长说要见见新公司的老板，才能决定是不是放心让我过来。

坐下来，他就絮絮叨叨地说开了："今天我陪她过来，就像嫁女儿，其实我是离不开她的，但我年纪大了，她还年轻，需要一个更好的平台。"

此情此景，历历在目，然而转眼已是八年。八年甘苦相随、荣辱与共，见证了企业从小变大，利润从不足3000万增长到3个多亿，市值从不足10亿稳步迈向100亿、200亿。八年来，体验过许多高光时刻和精彩瞬间，也经历了不少焦灼难熬、百转千回的时刻，或平凡或美妙，有温馨有理性。

但若要总结或升华出一些能谓之为"意义"的东西来，其实所有的赞誉与荣耀皆是过眼烟云，将八年的董秘生涯浓缩为两个关键词，那就是"谦卑"和"敬畏"——每一步都走得小心翼翼、如履薄冰。若要用一句话来表达为何如此全情投入，我想除了热爱与信任，那就是对持续学习的执念和对美好组织的向往。

"一个人若要从思想中得到快乐，那么他的第一个欲望便是学习。"记得那年四月第一次来到这家公司，上午刚办理完浙江大学 MBA 毕业手续，怀揣着毕业证在玉泉校区吃午饭，下午就顺道来到离学校仅几百米的公元大厦见董事长。彼时的我，根本不会想到四年之后会重回校园再读一个 DBA（工商管理博士）学位，更不会想到此时此刻的我还在为博士论文奋笔疾书。这是怎样一种“快乐的痛苦”呢？借用李宗盛的歌词，那就是“鬼迷心窍”——春风再美也比不上，没体验过的人不会明了。

譬如前两天。大家都在恭喜周玲同学通过博士论文答辩，她却在小群里悄悄地说：“这是个大坑，我再也不要读了。要考试的书以后坚决不读，我要告诉所有的朋友，坚决不要读博。”“可你明明在答辩感言中说庆幸当初选择了 DBA，庆幸自己找到大学时的学习劲头，更庆幸认识了我们这群志同道合的同学。你可不要口是心非了。”我揶揄道。

“我也不要再读学位类项目的书了。”田静同学也来附和，殊不知，我们这位优秀的田同学其实已经读完第二个博士学位了，是“终身学习”的典范。“可是没有任务，读书就没有了方向，不是吗？这是一种快乐的痛苦，如果这次论文熬过去，我的下个目标是再读一个学位证书。”

小开心吴磊同学总是这么妙语连珠，不失时机地来个“神补刀”，每次都让我们忍俊不禁。

也就是说，这八年中，有四年时间我在抽空攻读学位。正是因为这四年的学习历程，才让我的生活如此充实，内心如此宁静，精神如此富有。这样的深度学习，更是极大地帮助到我的工作——每一次课堂分享，每一次课后作业，每一份案例 PPT，以及独立研究、毕业论文，都紧紧围绕着公司、行业和董秘职业展开，完美呈现了工作和学习的深度融合和“双向奔赴”。许是我在各个场合过于倾情地分享工作，以至于去年在新加坡时，同门师妹晴华同学很认真地问我：“你是不是和你们董事长有什么亲戚关系啊？”

至于对美好组织的向往，最早听到“美好组织”这个词，是从娓微同学那里。记得 2020 年年底，我们刚入学不久，娓微邀请我去她位于滨江的创业公司，给了我一本她公司内训的资料。她和我说，她希望能建立一个“美好且平衡的组织”，希望给到员工的是“根和翅膀”——根是伟大的奋斗精神和高贵的信仰，翅膀是让每一个同行的奋斗者都学会自己飞翔。这样的言语和文字，听着便觉很美好。我的内心深受触动，是那种拨动心弦的感觉。

后来看书，知道“美好组织”有三条标准：一是充分发展的个人，二是能产生知识进步与技术创新，三是不作恶。如此看来，在我们周围的“成功企业”可能不少，但能称上“美好组织”的，着实也不多。我常想，我所在的公司发展到今天，2000 多名员工，2000 多个家庭，如果一个员工在这个组织里是热情澎湃或神采飞扬，他们的家庭和亲密的人也一定是幸福和灿烂的；反之亦然。从这个意义上看，企业家精神的伟大之处，除了给整个社会和世界带去的贡献，最大价值和意义大概莫过于他们的努力会给身边这么多的员工、这么多的家庭带去幸福和富足，这就是“美好组织”的魅力。

得益于董事长的信任和同事的支持，这八年来我得以按照自己的方式生活和工作，可以减少无效社交，将更多的精力投入自己喜欢的事情上，“把时间浪费在美好的事物上”，正如今年春节后上班第一天我专门请人写的字“你笑起来真好看”，我贴在了办公室门上。希望自己以及身边的每个人都能更阳光、更灿烂、更温暖，当他们路过我办公室的时候，可以眉梢上扬、会心一笑。

我知道没有一段岁月可以被守住。二十多年的职场生涯，不曾大富大贵，也不曾穷困潦倒；不曾大起大落，也不曾沉寂平淡。头顶光环的董秘生涯，让我在这平凡的现实生活中拥有一片任自己驰骋的天空。然而，随着年岁的渐长，我常常会规划自己的退休生活，想读家里堆积如山但还没有翻阅过的“无用的书”，想去体验更多人文艺术创作的美妙……无论身处何方，希望依然能保持这份终身学习的执念，守护心中的这份热情和生机，感受生活的美好与妙趣。

难忘的业绩说明会

兵荒马乱的三月，以一次难忘的年报业绩说明会结束。

一大早，蒙蒙细雨中，我来到杭州滨江区江南大道的全景网演播厅。虽然安排的是下午直播，但因为作为上交所“周期代表”来开本次在线直播的业绩说明会，所以为稳妥起见，提前熟悉场地、流程以及彩排等显然也是必要的。

当然，现在可以说，这是一次成功的、难忘的、有意义的大会。然而，想必大家也是猜得到结局猜不到开头的，这样一次严肃的大会是以大家在化妆间里嬉笑打趣开头的。为了取得更好的效果，场地方执意要送我们一次免费的化妆服务，于是平日在公司严肃而又不苟言笑的一众高管，都很听话地任化妆师小姑娘摆布，还留下了担心“回家孩子不认识”等令我们日后每每想起便忍俊不禁的幕后花絮。

言归正传，为了这次说明会，虽然不像准备发审会那样“为了这次相聚，连见面时的呼吸都曾反复练习”，但我们也是做足了功课的。

做董秘的幸福

有时觉得，做董秘是很幸福的，这幸福很大程度上源于：但凡涉及资本市场、信息披露方面的事，公司管理层都很“听话”。譬如这次业绩说明会前，公司的主要领导都在外出差，又是合作签约，又是政府领导会见，还要奔忙为合资公司选址，但说好 30 日不能缺席，他们便星夜兼程地赶回来，毫不推脱，哪怕回来时眼睛还布满血丝。

“听话”还表现在管理层发自内心的“高度重视”，每个人都并不仅只是出席而已，大家都按照分工认真准备各自的发言稿，字斟句酌回答问题的提纲，董事长针对投资者的问题，更是密密麻麻写了好多页的手稿。

记得某一次聊天，公司独立董事向董事长夸奖公司的信息披露做得不错，尤其是在监管机构那里形象正面，在资本市场也受到好评，很不容易。董事长指指我说：“这方面，我都听她的。”董秘工作能受到这样的高度重视和方方面面的配合，是很幸福的。

受众思维很重要

传播学上讲究“受众心理”，这几年我在实践中深深体会到做信息披露和投资者关系工作时“受众思维”的重要性。即在做信息披露时，除了要把自己想传递的内容表达到位外，另外一点也很重要，那就是要站在受众即投资者的角度来考虑要传递的信息，这样的信息披露才有针对性、有效性。

如何才能知晓投资者关心什么？这又属投资者关系工作的范畴，这要求董秘应该到一线“听到炮火声”。在投资者交流方面亲力亲为，无论是日常的互动回复、电话交流、券商策略会等，接触多了，自然知晓投资者普遍关心的问题是什么了。业绩交流会公告发出后，我们通过邮箱、电话征集到不少问题，根据这些问题来确定参会领导人选。比较特色的是，我们请出了公司平时在幕后较多的地质、选矿等技术专家来与投资者直接面对面交流。

会后，就有投资者发来信息，表示“技术含量高”“干货满满”等。

真诚是唯一的技巧

自公司上市第二年起，董事长就亲自在年报中写致股东信，2018 年阐释以五大理念促使公司行稳致远；2019 年阐述公司价值观和价值，被监管部门表扬“这些诚挚交流的字里行间，渗透了对企业价值观的坚守和对投资者的尊重，值得倡导”；2020 年向投资者传递公司未来发展战略以及对市值的态度立场等,来传递公司满满的进取心。

三份致股东信，虽然传递的信息不同，但无一例外，都是满满的诚意，毫不回避问题，也反复提示风险。三次自我设问，不仅让公司自身以反复思考完成蜕变，更是在市场上引起了令我们猝不及防、不可思议的正面收获。

你不是一个人在战斗

由于是第一次做直播，并且是通过上证路演中心和全景网两个平台同时直播，方方面面的配合就尤为重要了。

从监管老师，到技术支持，都是高度重视。组建专门的工作群，技术导流测试，提供相关资料，主持词串稿，PPT讲解，制作可视化年报小视频等，每个环节都不能出差错。面对繁杂琐碎，对董秘来说，拥有一个信赖又能干的证代就尤为重要了。而我们，这一切恰恰都拥有。所以，顺利完成了这一次难忘的业绩说明会也就是水到渠成的事了。

珍贵的长期价值投资者

几年前，公司股价走势良好，股价节节攀升，呼应了董事长关于我们要“拾级而上”的致股东信。

巴菲特先生说：“一个公司的特征决定了它的股东特征。”每年的致股东信，董事长都会表达希望找到“志同道合”的投资者的心愿。比如 2019 年致股东信，董事长说：“非常愿意通过这样的方式与大家坦诚交流，希望‘圈粉’到更多志同道合、愿意长期陪伴我们一路同行的价值投资者。”

今年的致股东信，董事长又表示：“希望我们的股票能尽可能保持在那些欣赏我们理念、理解公司前景、信任我们品行、包容我们不足的投资者手中，以确保公司与投资者能在充满不确定性的大风大浪中荣辱与共、甘苦相随、共益共生。”股东老贺就是在这样的“上市公司与投资者双向奔赴”中，我们有幸得来的“志同道合”的投资者。

认识老贺的缘起，已经记不太清楚了，或许是在某个券商的策略会上加了微信。后来，老贺来过公司调研。第一次对老贺留下清晰印象，是一年春节假期，老贺发来信息说看了我个人公众号的所有习作，“非常精彩，脑洞大开”，特别是那篇关于“向善而为”的思考，令他对我们的企业文化、价值观产生了强烈的兴趣，并提出希望能给予安排拜访董事长的机会，时间是尽快。很快，老贺便与王董事长会了面。关于这次会面的背景以及感受，我也是在半年后，通过老贺的朋友圈方才了解到：“2022 年初买入公司股票后遭遇俄乌战争、疫情、美国加息三座大山，大盘个股大幅下挫，短短三个月股价几近腰斩，压力很大。但我清楚记得王董事长向我们介绍公司产品，虚怀若谷地和我们一起计算六氟、负极、光伏等对萤石需求的拉动，历历在目。回来后我们认真学习了公司的年报，尤其是一年一篇的董事长致股东信，感受到向善而为、共益共生的企业文化。底部坚定加仓，感谢能陪同这样优秀的企业家、企业拾级而上，做坚守实业的长期主义者，何其幸哉。”当初会面时，我只知道老贺买了股票后，股价回撤比较大，若当时知道是“几近腰斩”，那于我得有更多不安了。所幸，公司股价回升较快，正如股价接近新高时，老贺在朋友圈发文：“投资是什么？就是在黑暗中发现光，指引前行，穿越市场迷雾。”

作为董秘，看到投资者回报丰厚显然是快乐的。但快乐远不止于此。当感受到工作被肯定、善意在传递的时候，那快乐更是难以比拟的。2022 年 8 月 16 日，那天中午我刚下飞机，打开手机就收到老贺发来的信息和一篇关于他回到湖南老家为两所乡村小学捐赠的报道。

老贺说要我特别转告王董事长：“代表湘西小镇兰草小学贫困学生感谢董事长及所有员工，你们的努力帮助了他们。我们愿与公司一起，拾级而上，实现宏大愿景，共创美好未来。”上市公司创造价值，投资者有丰厚回报，投资者回乡设教育基金帮助贫困学生，贫困学生学有所成后再回报社会……这画面，想着就无比美好，更何况真真切切地发生在我们身上。这样的投资者关系，这样的 ESG 实践，教人如何不羡慕。

像老贺这样真正的长期价值投资者，是时刻关心公司发展的。年初，公司公布回购方案，老贺肯定我们：“公司真金白银回购，向市场传递了价值严重低估的信号，证明公司对股东负责，践行长期主义。为公司点赞。”半年报，公司明确“资源为王，技术至上”，提出“资源＋技术两翼驱动”的战略，老贺第一时间发来信息：“建议公司将股权激励提上议事日程，应尽快拟定，员工与企业深度绑定。”怕我不方便转达，过几天又发来信息：“一定要找合适机会出台股权激励，人才是宝。你若不方便，我可以专程来公司向王董事长当面提。”面对安全环保压力，投资者老贺也特别感同身受：“实业何其艰难，如履薄冰，战战兢兢。经营者何其艰辛，克己奉公，不敢稍怠。感谢戴总，你们辛苦了。”这样的投资者，不正是我们苦苦寻觅的“欣赏我们理念、理解公司前景、信任我们品行、包容我们不足”的投资者吗？何其幸哉。

作为董秘，我是相当幸运的。除了与投资者之间的良好互动，我与董事长的沟通交流可以称得上“非常坦率充分”。无论正面的还是负面的信息，我们都能坦诚地交换意见。我们有一个共同点，就是考虑问题时更重视“公司和个人声誉”。前几天，董事长接受财联社专访被问及“管理思想”，提到了稻盛和夫的经营哲学，即一切都从“作为人，何为正确”出发来思考问题。这也许就是大道至简。

近两年公司的股价波动比较大。正如董事长所说，对于这个喜怒无常的“市场先生”，上市公司其实无能为力，更不可能对股价“翻手为云覆手雨”，相比捉摸不透的“市场先生”，公司更乐意成为那个木讷的“价值先生”，一步步拾级而上。我们也清醒地知道，无论现在市值、股价如何，这样“波澜壮阔、惊心动魄”的巨大波动也许随时都会到来。在此，也引述老贺在年会上的演讲，“好朋友就在身边，好公司就在身边”，愿我们都能拥有“在艰难的环境中坚持的力量和信仰的勇气”，彼此欣赏，彼此理解，彼此信任，彼此包容，穿越市场迷雾，务实且充满理想地拾级而上。

让学习和考试变成兴趣

学生时代，别的同学在认真念书的时候，我很贪玩。工作以后，别人开始享受学习成果的时候，我却爱上了读书。至于是什么原因，我猜是我开窍太晚，在学生时代没有找到自己的兴趣点。不过我也并不后悔，因为玩得很开心，又交到了那么多会玩的朋友，尽享了童年和少年的无忧无虑。

有一天，我在朋友圈写道："我认为若真想学一点什么专业知识，那就考虑去报考一个该专业的资格考试，理由有三：一是考试总归会有一个专业知识的体系，你可以知道该看什么书；二是考试总归会给你一些压力，当然也有动力；三是若是考过了，多少会有个证书，多点职场上的资本也是好事。"

工作以后，我先是参加了法律的自学考试。记得好朋友宣冬青有一天兴冲冲地拿着一张剪报，指着上面的一篇题为《未来十大热门职业》的文章说："你看，未来排在首位的职业是房地产律师，你学房地产专业，文科又好，读法律，以后做名律师是你不错的选择。”做不做律师我没有想过，但学点法律这个建议不错，于是我便报了法律自考。不过我有点三天打鱼、两天晒网的，用了近三年时间才考完了全部课程。

第二次考试是 2004 年参加全国司法资格考试。记得那年六月初，我去浙江省高级人民法院办事，出来时看路口有个法律书店，进去逛了逛，这一逛让我知道了有“司法考试”这回事——说是考出这个证书的，才有资格从事法官、检察官和律师职业，我一下子来了兴致。由于当年的教材还没有出，我就买了上一年度的指定教材，三大本厚厚的红皮书，涵盖几十门法律课程，关于这个教材之枯燥、内容之庞杂，参加过考试的人都懂。我那年打算试一试，了解一下题型，计划三年内能够通过。整整三个月，除了上班，我就足不出户了，教材、习题配合着视频课程，每天晚上六点到半夜零点，以及所有的双休日，我竟然都“沉迷于学习中不能自拔”。结果，我奇迹般地一次性通过了司法考试。

这次考试对我的职业生涯影响巨大，记得在浙江大学读 MBA 时的一次“关于人生路上的选择与坚持”演讲中，我说：“在我看来，法律不仅是一项职业，更是一种工具和技能，当我作为一个管理者同时拥有专业的法律知识和法律思维的时候，我在处理日常工作时，与他人交流或谈判时，就显得沉稳、严谨、更具说服力也更能赢得信赖。”

这之后，我零零星星地考了中级职称、企业法律顾问等，有过司法考试的经历，这些当然是小儿科了。

接下来的几年中，借助学习所带来的专业知识和能力上的提升，我在工作上如鱼得水、深受赏识，参与完成了两个大型房地产项目的开发，以及陪伴原公司董事长经历了境外收购、境外融资、诸多产业和子公司的分离聚合，这期间算是“沉迷于工作中不能自拔”。正如冯仑在他的《野蛮生长》中所说的，“追求理想、顺便赚钱”。

再后来，怀孕生子。自从有了瓜瓜枣枣这两个小东西，那两年时间也就围着他俩转了。终于在他们上幼儿园后，我重出江湖，重新走上考试之路。这一次是考浙江大学 MBA。开始我报了浙江工业大学，因为可以先入学，全国统考也只要上国家线就能被录取。在浙江工业大学上了两个月的辅导课后，一天无意中点到了浙江大学 MBA 中心的链接，发现浙江大学居然有全日制脱产的 MBA，结合两个多月的复习情况，我想不如报浙江大学的试试吧，考不上第二年再考工大（浙江大学分数线一般会比国家线高 30 分）。这个考试复习，我前后花了半年时间，比司法考试用的时间多。主要是英语，毕业十几年没有用过英语了，基本已经回到原点了，加上我数学又不好。但是，功夫不负有心人，这一切竟然也奇迹般地补回来了。总之考上了又毕业了，可以端坐电脑前写考试回忆录了。

不得不说：浙江大学 MBA 的这两年，是我人生中最快乐、最无忧无虑的两年，既没有生活压力，又没有对未来的不确定性，工作十几年后还能背上书包像个学生那样享受校园生活，参加各种各样的活动，偶尔还去游学，还有那么多志同道合、相亲相爱的朋友，太美好了。

两年脱产学习，也是面对大大小小的课程考试。虽然知道及格总是容易的，但我也还是很认真的。在浙江大学的考试复习都是快乐的，好怀念那些半夜还在线上交流课程作业，以及晚上和同学泡在咖啡馆学习到深夜，然后在零点到来前的最后一刻把作业、报告发给老师的那些今生不会再有的体验。

在浙江大学学习期间，听说董秘证市面上奇缺。于是2014年，我报名了深交所的董秘资格培训。有培训的机会，考试是容易的，总之又多了一本证。

然后呢，机缘巧合，是因为有了那本董秘证书或是培训考试让我对这个职业产生了兴趣，还是因为我有兴趣才去考了这本证，MBA毕业的那一天我就来到了现在的公司，真的就从事了董秘这份职业。

那个时间点，几个要好的MBA同学纷纷离职，投身资本市场，去券商的都在考证券从业资格、基金业从业资格。一位刚刚考完的同学说："不然你也去考一下呗！"我说"好啊"。他就给我寄来了考试的教材、习题。证券从业资格考试，我以为会因为我对这个考试的轻视而不及格了，没想到两门课都得了80多分。

"把下个月的基金业考试报了呗。"送书的同学又说。好吧。这是人以群分还是"交友不慎"呢？胡适先生说："人生有三件事要做，要寻问题，要培养兴趣，要有信心。"

不要觉得是我有毅力，不要觉得是我求上进，不要觉得我很辛苦，我就是培养了兴趣然后喜欢而已。其实这一路考来，一路享受，辛苦但心不苦，很有乐趣也很有收获。

求学经历的馈赠

傍晚时分，去北山路的静逸别墅帮朋友取一本吴晓波老师亲笔签名的《激荡十年，水大鱼大》。见过落日余晖下的西湖，沿着葛岭路蜿蜒而上，便到了静逸别墅的门口。

靠边停了车，我站在黑金相间的大门外等阿雯从半山腰上走下来，极目眺望这夕阳下的幽幽小径。古木参天，青苔翠绿，老墙斑驳。我倚靠着我的车，仿佛依稀看到远处一位师傅拉着一辆黄包车从那小路的尽头一路小跑着过来，稳稳地停在这厚重又紧闭的铁门旁。恍惚间便有一种时空交错的感觉。

正想着呢，阿雯从旁边的小门侧身而出。虽然因为工作的原因我们见面不算少，但每次一见面还是觉得有很多话要说，于是站在路旁便聊了起来。不知不觉，夜幕降临，正要道别，只见一个人从边门跳跑着出来，一脸阳光，真的是“跳跑”，想了很久，我还是觉得用这个词是合适的。

这个跳着跑出来的正是中国大名鼎鼎的投资人曹国熊先生，我们浙江财经大学的知名校友、师兄。我与曹师兄没有什么交集，但常听阿雯说起，充满着人格魅力；之前也见过一面,最难忘的是他那始终挂在脸上的招牌式微笑。曹师兄显然没有预料到此刻大门口昏黄的路灯下会有两个人正悄悄地聊着天，稍稍怔了一会，见是我们，就爽朗地和我们打招呼。当时我就想，曹师兄可真是个快乐工作的人，他总是爱笑，并不只是在有人的时候，原来在没人的时候也同样；而这没人的时候的笑，似乎还更多了一份大男孩的俏皮和可爱。于是我越发相信了“爱笑的人运气都不会太差”这一说法。

曹师兄、阿雯和我的亲哥都是浙江财经大学校友。阿雯作为同系高我一届的同学，还是我的入党介绍人，不久前我们还和当年的系团总支书记、如今的法学院党委书记“朱小姐”一起给当年的系党总支书记“陆老头”补过了八十岁生日，一起参加的还有充满热情和朝气的学妹卢丽霞。我们在一起聊天，总有说不完的话，心无城府，每次都意犹未尽。就在刚才沿着北山路开车回家的路上，我忽然想到一些之前不曾认真思考过的问题：浙江财经大学的求学经历带给我最重要的东西是什么？留在我身上最深的烙印是什么？我所遇到的特别是深入交往着的“浙财人”是不是都被打上了这样的烙印？

一路上我都寻思着这问题的答案。我想，一定是我们身上某些共同的特质让我们相互吸引，愿意一起做事。

“浙财人”中，不单单是在一级市场做投资风生水起的曹师兄爱笑，在二级市场声名远播的楼栋同学也是阳光帅气的大男生，永远都是乐呵呵的样子。让我难忘的还有比我低一届的货币班的李珍同学，那个爱笑的女孩。虽然已有近 20 年不曾谋面了，此刻一想起她，眼前立刻浮现出她那灿烂的笑容，耳畔传来她银铃般的笑声。特别值得一提的是大学同学发起的“天天开心读书会”在杭州很有影响力，成为后大学时代年轻人的精神家园。天天开心，发自内心的快乐，挂在脸上的笑容，我遇到的很多“浙财人”都有这样的特质。

我在浙江财经大学读书的时候，学校的财政、税务专业是“拳头产品”，就像浙江银行学校是银行行长的摇篮，培养出金融界奇才一样，过去我们戏称浙江省的财政、税务系统有一半人来自浙江财经大学。如今，浙江财经大学的会计专业在全国排名靠前，毕业生遍布浙江金融和资本市场。资本市场诱惑很多，总是令人心浮气躁，然而在我所接触的“浙财人”身上，却大多表现得质朴、务实，比如蓝山投资的王晓明老师、我的室友王柳琳。王老师就是那种大道至简的人。我几乎很少碰到浙江财经大学的校友坐下来就海阔天空把项目吹得神乎其神的，他们都很务实，所有的话题围绕着可行性展开。脚踩坚实的大地、一步一个脚印，我想“浙财人”就是以这样的务实和靠谱赢得彼此和社会的信赖的。

我所认识的“浙财人”还很诚恳、真诚。比如朱小姐，每每坐下来聊天，我们会推心置腹地谈一些已经不轻易在他人面前谈的话题，说一些我们心里的感受和观点，这很难得。相互之间的托付很可靠，“事事有回应，件件有着落”。有时候可能不会轻易答应，但是答应的事都会尽最大努力去落实，发自内心地真诚帮助他人，永远给人的是“做的比说的好”。

“挂在脸上的笑，脚踩大地的实，发自内心的诚”，这便是这段求学经历的馈赠。

让人心动的年轻人

年轻人，你的职责是平整土地而非焦虑时光。你做三四月的事，在八九月自有答案。

——余世存《时间之书》

小长假前一晚。下班迟了，在公司里和财务部、营销中心的几个年轻人吃了小王经理点的外卖，说说笑笑一通，就当是过节了。下楼时，我和证券事务代表小张说："我送你回去吧。"

证券部就我和小张两个人，小张是我最得力的助手。她毕业于中南财经政法大学的商务英语专业，英语八级，并非证券事务部或董办最需要的经济、法律或管理专业背景。公司上市后，一时没有从外部招到合适的证券事务代表，便从内部行政人员中物色。小张工作主动、勤快、聪慧且思路清晰，于是我便让她试着做一些证券部的工作，公司也推荐她去参加上交所的董秘资格考试、新上市公司

董秘 / 证代培训考试。原本没有专业基础的她，经过一段时间的学习，顺利地通过了考试。后来经公司批准，她做了公司的证券事务代表，并且做得很好。

今晚我提出送她回家，是因为我有些事情需要和她聊聊，并且我知道，最近她似乎也有许多话想要和我说说。她说在证券部工作的每一天，都是新奇的，每天都有学不完的东西，交流不完的话题，再怎么加班加点都不觉劳累。特别是加入了和君董秘班以后，我更是由衷地感受到她整个人的精神状态更加蓬勃了，工作的热情和快乐都写在脸上。这是圈子的力量、文化的力量，看得出，她十分感谢公司给予的机会和平台。可大概是想说的话太多，回家的路又太短，路短情长，于是我们便在路上绕了一圈又一圈。

我喜欢这样的年轻人。积极、主动、有思想，不计较一时的利益得失，并且生活中还拥有自己的一片小天地，闲时插花、烘焙，有自己的小确幸。譬如有一次她说去书店，参加作家周华诚的书友会，回来给我带了作家签名的《草木光阴》，因为她发现作家是我的常山老乡，笔下所写正是常山乡间。后来我在微信上和华诚聊天："我的证代是你粉丝呢！”唏嘘之余，还顺便给作家普及了一下什么是“证代”，什么是“董秘”。

我还喜欢她目前所读的和君董秘班的那些年轻人们。那是一个朝气蓬勃且有着良好教育背景又积极向上、求知欲旺盛的群体，有自己的向往，热切地渴望改变和突破自我，并且付诸行动。上周我应邀给董秘班的学员上了一堂课——董秘视角下的 IPO 上市实务，据说反响不错，大概是因为除了干货，还有一些无声无息渗透在“干货”中的情怀、人生经历、“鸡汤”和“金句”，让枯燥的课程变得生动了些许。课后，学员们纷纷加了我的微信，晚上十点多结束，走在楼下还被“截留”，和同学们交流许久，我喜欢这些有求知欲的年轻人。小张更是充当了我的临时“经纪人”，直到这几天还在陆续和我反馈她们学员群、朋友圈里那些热烈的讨论。对此，我也有些沾沾自喜，一下子觉得整个五月的碎片时间都在忙里偷闲、见缝插针做的 PPT、梳理法规都是值得的。毕竟把有价值的东西用让人易于接受且能打动人心的方式分享出去，也正是我的快乐所在。

在我看来，在我们的一生中，特别是年轻的时候，成长的道路上有贵人相助是重要的。但是贵人不会无缘无故地帮助我们，只有自己足够努力、上进，生命中才会出现真正与我们相互成就的“贵人”。当我们自己慢慢成长起来以后，就要努力地去帮助他人，贵以助人，让自己成为他人生命中的“贵人”、榜样和力量，这才是人生的价值和意义所在。

人生何处不相逢，感谢生命中出现的让我心动的人们。是你们，让我平常而又平凡的生活不经意间被点亮，被触动。

然而，正如哲学家维特根斯坦所说：“语言永远只能在思想和情感之外徘徊，而永远无法到达思想和情感的圆心。”

凭着爱，情怀不老

我知道见到的实在太少，应知道应见到的可太多。怎么办？我想我得进一个学校，去学些我不明白的问题，得向些新地方，去看些听些令我耳目一新的世界。

——沈从文

2024 年 9 月 20 日下午，浙江大学管理学院现场，当张连栋教授宣布答辩结果“没有悬念，我们一致同意通过，并且这是 DBA 博士论文里做得最好的文章之一”时，自认为已经久经沙场、宠辱不惊的我，竟一时语塞。

在随后按惯例发表的简短感言中，当讲到“这篇论文是我四年 DBA 学习生涯，也是我八年董秘职业生涯的阶段性总结”时，我哽咽了。刘菲老师后来和我说，若是她在现场，会当场抱抱我。感谢刘菲和王剑老师，平时 24 小时在线，开启“鸡娃”模式只为督促我们按时毕业。

既然通过答辩并无悬念，因何而哽咽？是这段学习之旅过于艰辛吗？是因为自己为之付出太多而感到心酸动容吗？显然都不是。恰恰相反。回望四年学习之旅、八年职业生涯，我“凭着爱”走过，虽然时常拖拖拉拉，但也处处充满惊喜和快乐。我甚至非常享受这种学术与实践深度融合、时而山重水复时而柳暗花明的每一天。

如是，因何而哽咽？事后回想起来，这想必就是“一个人类群星闪耀时刻的到来，必然有漫长的无谓的时光流逝”的感受吧？就像当年在上市敲钟现场一样，当期待已久的时刻到来，并没有想象中的“享受巅峰时刻的抱头痛哭”，只在大屏幕上迸出股票行情的那一瞬间，内心荡起涟漪——为那些漫长的无谓的时光流逝，为一些微不足道的小事串联成人生的重大经历……

时间回溯到 2020 年 4 月。我的 MBA 导师窦军生教授看似不经意地推荐我读浙江大学管理学院与新加坡管理大学会计学院合办的 DBA 项目。我几乎连招生简章都没看，就不假思索地决定“继续读书”。记得当时唯一令我忐忑的是“会计学院”。我和窦老师说：“我数学不好，对数字不擅长。”老师宽慰我说：“会计学院不是只研究会计，还有金融，有公司治理，有你熟悉的资本市场。”就这样，一拍即合——看似轻巧，却开启了我四年“闪亮的日子”。

开学第一课是魏江院长的“企业战略研究”。记得那天上午我在湖州参加全省董秘例会，被授予“浙江上市公司优秀董秘”，我当时就这样捧着奖杯急匆匆又有些自豪地来到课堂。这也许是一种命中注定——事后证明，我的整个 DBA 学习和我的董秘职业一刻也没有分开过。我曾在《博雅光华》这本书中看到一篇魏院长学生写的文章，其中就提到所读的第一篇文献迈克尔·波特（Michael Porter）的“《如何获得竞争优势》（How to gain competitive advantage）”，并“一下子就被迷住”，我也一下子有了很深的代入感。回想起来，当时这堂课初次见面便给了我一个“下马威”。那时，魏院长也让我们读波特的《什么是战略》，虽然是中文版，但通篇读下来，却是云里雾里。不过，经历四年的训练，如今再读文献，不管是速度还是理解力，都大有长进。这堂课还有一大收获是娓微同学的课堂笔记，内容完整、结构清晰，令人叹为观止！优秀的同学们，是除了增长知识、提升思考能力之外，读 DBA 的另一大收获。

因为一些原因，原本需要去新加坡上的课一再延后，以至于导师张连栋教授的“信息与资本市场”被延至最后，我们仍未能成行。最后一课，我们去了“有风的地方”，留下许多难忘回忆，只可惜我们在线下，老师在线上。直到 2023 年 5 月，方才在新加坡第一次在线下见到久负盛名的张教授。

在读 DBA 之前，我不知道竟然会有一门名为“信息与资本市场”的课程，似乎是为我、为董秘职业量身定制的一样。在张教授深入浅出地讲授信息与资本市场的基本理论和概念后，我醍醐灌顶。就是那种知其然还知其所以然的感觉——原来，自己每天所从事的那些琐碎的、实务的信息披露以及与投资者打交道的工作，是有着厚重理论根基的，平凡的工作瞬间多了一些被称为“意义”的东西。这种感觉，在此前程强教授的“会计与治理”课上也曾深有同感。

也正是学了这门课，我更加坚定了“董秘特征与信息披露质量”这个论文选题方向。在选题方面，我是幸运的，早在入学第二年由6位教授联袂授课的“研究设计与方法”课程上，我以此为题做课程作业便得到岳衡教授的指导，此后又因为“会计与金融研究”的作业收获陈霞和王榕两位教授的良好建议。这些都为毕业论文的写作打下了基础。

关于个人特征的研究，涉及行为经济学、管理学、心理学等，“当经济学遇到心理学，碰撞出的火花将对个人、管理者和决策者产生深远且富有启发性的影响。”我的三位导师——张连栋教授来自 SMU 会计学院，韩洪灵教授来自浙江大学管理学院，梁嘉仪教授则是心理学教授，时任 SMU 伦理审查委员会主席。既有学科特色，又能交叉融合；既有中国情境，又有国际视野。这是多么美好、奇妙的际遇和组合。我是如此幸运，能够遇见他们，让我此后的旅程中可以时时铭记和感恩。

张教授是我的论文委员会主席，是活跃在国际学术一线的著名会计学学者。现在回头想想，这一路走来，张教授很少否定我的想法，一直鼓励和帮助我沿着自己的思路完成论文，甚至允许我有一些“冒险”的想法。可惜我后知后觉，以为学术研究原本就是如此，以为做研究和平时处理实务工作没有太大不同，却不知在某些问题上如果用严格的学术眼光来审视，可能“规范性”是不足的。直到论文答辩时，张教授充满关爱和鼓励的一番话才让我感受到自己的“想当然”和导师的包容，“优秀的论文，除了规范之外，能提出问题，能给别人一些思考，可能这是一个比较冒险的东西。我希望我的学生写论文的时候，有一些有新意的东西。一篇论文不一定能完全解决要说的问题，但至少能提出一个方向来。最重要的不一定是回答了问题，而是要能提出让人思考的问题。”这番话，让我时至今日仍时时回味。

韩教授在会计实务和实证研究方面经验丰富，对我论文中的弱点总是一语中的，这让我在论文实证环节以及论文完善方面少走了许多弯路。韩教授每周四晚上都有博士生例会，不但有全日制在校博士生，还有合作的其他教授学者。“近水楼台先得月”，每每参会，我总能收获许多建议，把论文研究往前推进一大步。韩教授团队的董恬媛博士，帮助我厘清实证思路、对眼花缭乱的数据进行大刀阔斧的取舍，将数据清晰呈现；金瑛老师手把手教我解读数据、释疑专业术语；还有怡丹、帅弟博士等团队成员。帅弟博士为我做的“易拉宝”形象，在社交媒体上引发热度，甚至一度超过我的论文本身。韩教授每周的学术组会，让我享受学术思想碰撞的同时，深深感受到团队的力量和温暖———我不是一个人在战斗。

我的第三位导师是来自 SMU 社会科学学院的梁嘉仪教授，时任伦理审核委员会主席。梁教授的出现，于我而言，仿佛就是“海上明灯”。由于论文涉及个人心理特征，需要使用大量心理学量表，如何确保量表的可靠和权威，这对没有心理学背景的我来说可是犯了难。此外，问卷和访谈内容需要经过校方严格的伦理审核，如何符合要求，我也没有经验。梁教授的出现，让这一切困难迎刃而解，我迅速完成了此前困扰半年之久的问卷设计，在浙江大学公共管理学院邹凯博士的帮助下，很快完成问卷数据的回收和处理。我还享受到了“选一送一”的福利——梁教授的先生是南洋理工大学心理系教授，第一次见面便送了我一个迷你版的“大五”人格量表，为我的问卷增色不少。如今，两位教授都调任香港中文大学任教，此次梁教授专程从香港来到浙江大学参加我的答辩会。通过答辩后，梁教授朋友圈发文勉励我“出书发文指日可待”。

这既是一段学术之旅,又是对实践工作的思考和总结。论文的研究假设和结论分析，都来自实践。感谢我所在的公司和我的同事们，公司的平台和在资本市场的良好品牌形象，给了我充分展示自我的机会和舞台。董事长对我的支持是全方位的，无论工作还是学习。几个月前的一天，董事长悄悄送我一本书——《怎样成功通过论文答辩》，封面已经泛黄，一看就年代久远，我猜想是他见我论文迟迟没有写完，替我着急。感谢董秘职群，特别是400余位填写复杂问卷以及5位接受我深度访谈的董秘朋友，当你们说填问卷“比回复问询函还认真”的那一刻，“天下董秘一家亲”在我眼中更具象化了。正是这份共有的身份认同感、职业认同感，让我们因董秘职业而“凭着爱，情怀不老”。

最后，感谢我的家人，特别是我那“望母成凤、望父成龙”的龙凤胎儿女。我原本答应他们暑假一起去新加坡，参加我的毕业典礼。未能如愿之后，有一天，女儿悄悄问爸爸：“你说，这个戴水君到底能不能毕业？她读个书，家里的书桌都换了三四张了，论文还没有写完。你说她到底能不能毕业？”于是，又想起谢小云教授在开学晚宴上告诉我们的：“我们今天的学习，最大的意义可能是给我们的孩子做出榜样。”

正是女儿的“鞭策”，15 岁的她时不时提醒我“50 岁才是奋斗的年纪”，让我终于有勇气、有机会写下这些，回顾这段闪亮的日子。

我要感谢的人和事太多，但难免会有遗漏——总之，感谢所有在过去和现在帮助过我的人们，我会永远保持这份真诚的谢意。

比你优秀的人，比你更努力

娓微是我的浙江大学 2020 级 DBA 同学。我认识娓微也就半年时间，彼此之间深入交流大概也就 3 个月。几年前 MBA 师门聚会，有同学问我读 DBA 的感受，我对坐在一旁的窦老师说："我们班学风很好，我很喜欢。特别是娓微同学，带给我很大触动，单就这一点而言，我来读 DBA 就值了。"

对于娓微，我其实是未见其面，先知其人。记得开学前不久的某一天，老师在班级微信群里发了一篇新闻，是浙江省副省长去她公司调研，她在一旁介绍。当时第一感觉就是："这 CEO 好年轻啊！"富有青春朝气的面庞，白色 T 恤简单干练，邻家女孩的模样。但那时候并不知道她是做什么的，公司发展得如何。

开学第一天，来自全国各地的 20 余名同学第一次相见，总少不了自我介绍的环节。大部分同学讲了什么我忘了，我怎么介绍自己的，我也不记得了，但娓微介绍时的一句话令我印象深刻，大致意思是：“那些家长里短、婆媳关系之类的话题，才不是我关心的。”我听了心里一乐，心想这女生挺有个性啊，与我时常标榜的“懒于杂务，但勤于思考”似乎有异曲同工之处。然而，现在看来，我当时的想法真是过于简单了——无论是“懒于杂务”还是“勤于思考”，娓微都要超越我的境界的。

娓微第一次令我震撼的，是她的课堂笔记，我想应该也让全班同学感到了震撼。第一次课程是由魏院长带来的“企业战略研究”，从上午 9 点到晚上 6 点，大家都有些疲惫。当天下课，我还在整理书本，看到群里有同学发了资料，就随手点开看，竟然是娓微记录的这一天整整 8 个小时课程的笔记。内容完整，结构清晰，令人叹为观止，以至于习惯于“潜水”的魏院长都忍不住给她发红包以示赞美。而我，那天因为参加全省的董秘例会，上午半天的课是请假的，娓微的笔记正好弥补了我缺课的遗憾，所以心里更是埋下了对“笔记女神”小小的感激。

我们第一次私下互动，缘于我的一次课后分享。为了让大家尽快相互熟悉，也尽可能在有限的学习时间多收获一些有价值的思想，班委建议每次课后安排两名同学作简短分享，内容与题材不限。我的学号很靠前，所以第一次上台分享便轮到了我。由于时间匆忙，我分享了一个与本职工作相关的话题“资本市场注册制改革与董秘职业”。讲完，便收到几个同学的私信。娓微也说喜欢，问我要PPT，我便发给了她，顺便发了一些平时准备的、更详细的课件资料给她。我猜测，我们后面就此有一些更深层的交流，或多或少应该与此有关。

寒来暑往，转眼我们迎来DBA第一学期的最后一次课——吴晓波老师讲授的“创新管理”。这次，我俩恰好分在一组，紧挨着坐。我刚坐下，娓微便和我聊起工作，这是我们第一次近距离接触。因此，便知道了一些她公司的业务和经营情况。当天晚上，因为月英同学要去娓微公司，娓微让我顺道一起去看看。怀着好奇之心，我欣然前往。不去不知道，这一去深入了解，就仿佛为我打开了一扇窗，我看到了完全不一样的新兴行业，不一样的年轻团队，不一样的新生代企业家的精神风貌：这是一家年轻的、快速成长的创业公司，从事跨境电商，成立才三年，利润已过亿；这是一个学霸团队，四名创始人是复旦大学 MBA，员工多为 90 后；这是一家明星公司，被众多顶级投资机构追捧，或许很快会在资本市场脱颖而出……我为之惊叹。但所有这些都不是我“浓墨重彩”写娓微同学的初心。

真正打动我的，是娓微身上独特的企业家精神以及由此散发出来的人格魅力。娓微简单率真。她是一个极简主义者。与人交往，没有繁文缛节，也没有客套，用她的话说是“不喜欢社交”。她在班上话不多，每次来去匆匆，但在课堂上思维活跃，经常提问，也乐于发表见地，观点直率。她的生活更为简单。有一次去她公司，她正在泡方便面，见我到了，连泡好的方便面都没有来得及吃，真叫人心生怜爱；由于工作时间过长，她中午就趴在教室的桌上午休，为此就把去食堂吃午饭的时间给省了，让我简单从食堂打包一点，用她的话是“吃啥都行”。她笑称：“除了买牛奶和健身，好像也没有什么要花钱的地方了。”

娓微雷厉风行。有一次上课，我刚到教室，她便走过来和我说：“水君姐，我把公司迁到深圳去了。”“噢，是又成立了一家子公司吗？”我随口问道。“不，是整个公司搬过去了，全体员工拖儿带女举家搬迁了。”“啊？！什么时候的事情？”我有些不敢相信。“大概三周以前吧。周一决定，周五大家买机票，周六找房子，周日搬家，周一上班。核心员工基本无流失。”听到这里，我目瞪口呆：跨省迁址这种事，是想都不敢想的事；即便想了，也多半是“不可能完成的任务”；更不要说是全体员工举家搬迁了，孩子读书、家属就业、日后买房……看着眼前这个80后女生，这般果断，是为了“招到最顶尖的人才”，真叫人刮目相看。

娓微热情专注。她在持续不断地深度学习，接受顶尖的教育，交往最优秀的群体，在思考和实践中找到自己热爱的事业，充满激情。最难能可贵的，是她的专注和坚定的理想目标，不被外界变化所左右，不被短期利益所诱惑，这使她一旦决定，可以“挥一挥衣袖，不带走半点云彩”。在说到如何一个人单枪匹马与一众政府领导面对面谈判时，我笑她是“舌战群儒”，她却云淡风轻地说：“我知道自己想要什么。”

娓微阳光乐观。她每天的工作时间大约是从早上七点到午夜两点，每天还精神抖擞。我感到不可思议。我偶尔熬夜，第二天就无精打采。有一次我问她：“你在创业过程中，有没有特别艰难，觉得支撑不下去的时候？”“好像没有，哈哈哈！”她使劲地想了想，以一串豪爽的大笑回应我，“我每天晚上 10 点在公司健身，同事看到我，都会问我为什么总是如此快乐。”“除了工作，还有没有什么事情令你快乐？”我追问道。“陪女儿。一家人在一起，也是我最快乐的事！”

崇尚个人努力，不依靠外界资源，我在娓微身上看到的是新生代企业家的面貌和格局：他们受过良好的教育，有清晰的目标，坚定而执着；他们以价值观为引领，有强烈的自我实现意愿，希望和靠谱的人做有意义的事。正如她在企业故事中所说的，希望给到员工的是“根与翅膀”：根是伟大的奋斗精神和高贵的信仰，翅膀是让每一个同行的奋斗者都学会自己飞翔。

“曾经以为人生就这样了，平静的心拒绝再有浪潮。”鞭笞我们不断努力和上进的，正是周围这些比你优秀又比你努力的人。从这个意义上说，娓微同学，其他DBA同学，以及DBA老师所教授的，让我看到新生代企业家的视野、责任、担当和领导力；让我看到构建一种“新型亲清政商关系”的可能；让我看到一股引领中国发展的“健康力量”正聚沙成塔、集腋成裘，不断汇聚成一股磅礴的力量，引领新商业文明。这光芒四射的企业家精神，应是中国未来商业的模样和希望。

精神的魅力

二十多年前，在我刚走出校门的时候，读到北京大学建校 100 周年的纪念文集《青春的北大》，其中有许多大家如季羡林、厉以宁等回忆北大往事的文章；后来偶得汪曾祺先生《人间草木》，其中有一辑叫“联大师友”，有诸多关于当时的大师如金岳霖、沈从文等的逸事；读 DBA 期间，我们重走浙江大学西迁之路，在贵州湄潭，张钢老师讲授“求是精神”，抗战期间竺可桢老校长带领浙江大学师生四迁校址，一路颠沛流离却群星灿烂，苏步青、王淦昌、马一浮等，一幅幅历史画卷徐徐展开；谢小云教授给我们上课，建议我们应去之江校区感受厚重校史，讲到著名翻译家朱生豪，我内心为之一动：噢，原来那个会写“醒来觉得甚是爱你”的才子也是众多灿若星辰的“浙大人”之一啊。

或书籍，或课堂，或旅途，于大师们高尚的人格、渊博的学问中，我深深感受到精神的魅力：“公忠坚毅，转移国运”的爱国精神，“不计利害，只问是非”的科学精神，“大不自多，海纳百川”的开放精神，“苦中作乐，浪漫主义”的人文精神……虽然每种精神都承载着不同时代的烙印，然而其内在魅力却是一以贯之、历久弥新的。在当下，我想最能综合体现这些精神的应是勤奋智慧、创新创业的企业家群体。是企业家精神，澎湃激荡了我们这个时代。记得一次聊天中，老师说我们这个班平和、温暖，我很认同。这和志豪班长的带领有关：每个人都如饥似渴地学习，真实简单地交往，没有过于热络的联络，也不会有太过张扬的表达。但这并不妨碍每个人在各自的领域叱咤风云，特别是班上的创业者们都淋漓尽致地展现出新生代企业家的精神。

正如汪曾祺先生在书中写的：“精神方面的东西，是抽象的，是一种气质、一种格调，难以确指，但是这种影响却真实存在，如云如水，水流云在。”在短暂的 DBA 学习中，教授们对理论执着探求、对实践深切关切，同学们对学业孜孜以求、对事业满腔热情。如许的精神，如许的魅力，如涓涓细流汇聚，于润物细无声中播下求是创新的种子，悄然引领我们走向心智更为成熟的旅程。

闪亮的日子

记得有一天，接到 DBA 田静同学信息，让我做当月过生日的庆洋同学的“守护神”。按照惯例，每次上课，全班同学会给当月过生日的同学举行“生日会”，而“守护神”需要准备一份礼物给被守护的同学。当时，距离上课时间只有 4 天了，时间紧迫，并且像庆洋这样的成功男士，应该什么也不缺。该送什么礼物呢？可真叫人伤脑筋。

一个个念头从脑海中闪过，又一个个被自己否决了。村上春树在《当我谈跑步时，我谈些什么》一书中曾引用毛姆的名言“任何一把剃刀都自有其哲学”，所以在我看来，任何一个礼物都自有其特定的寓意。选一个礼物固然容易，但要体现个性与底蕴，就颇有些不易了。带着这个悬而未决的难题，我略显不安地入睡了。

第二天一早，开车上班，从钱塘江到西湖，一路上我都在想着这个难题。庆洋是喜马拉雅 3D 打印的创始人，第二轮融资了，正准备 IPO，送头牛祝他“牛气冲天”或许是不错的选择。正这么想着的时候，一句“送贵人，朱炳仁”从脑海中跳了出来。“华尔街牛”，真是踏遍铁鞋无觅处，得来全不费功夫。我不禁为自己的灵感而沾沾自喜起来。

然而，仅仅想到礼物的“物质”载体层面，显然是远远不够的，也不足以呼应本次寿老师领衔四位教授给我们带来的思想盛宴“科学哲学与商学研究”。要如何体现精神层面的“个性与底蕴”呢，我想总得给这份礼物再赋予一点不同凡响的意义，让它从今往后也能“自有其哲学”。

于是我想到了我们公司上市敲钟的那一刻，在我脑海中反复萦绕的那句话“人类群星闪耀时”，这是奥地利作家茨威格一本著作的书名，书里讲了十几个影响世界历史进程的事件,作者认为“凡人要在伟大的事业中寻求不朽”。然而，如果就写上这句“人类群星闪耀时”，在我看来似乎有点过于宏大叙事了，也略显突兀。但我还是很欣喜，就像哥伦布在茫茫大海中找到了新大陆的大方向一样。顺着“对人类世界充满美好理想、同时又有着极为丰富的内心世界”的茨威格的灵感，在我开车路过苏堤的时候，那个最擅长以词的形式表达人生思考的大文豪苏轼在冥冥之中助了我最后的一臂之力，“闪亮的日子”几个字从我脑海中振奋人心地蹦了出来，“你我为了理想，历尽了艰辛，但愿你会记得，我们曾经拥有闪亮的日子”，随即，罗大佑低沉而沧桑的旋律在耳畔悄然响起。

“闪亮的日子！”没错，就这句了。

DBA 同学共度的每一个学习的日子是闪亮的日子。在教授大咖的带领下，同学们课上热烈讨论，课后互相参访；在西迁路上感受精神的魅力，在“思享会”上接受思维的碰撞，在一起的时光如此匆忙又让人留恋，是为“闪亮的日子”。

庆洋正带领他的喜马拉雅3D打印团队奔赴资本市场，在IPO这条“少有人走的路”上，将面临几多艰辛、几多坎坷，我能感同身受。然而，我相信庆洋必将走过或者熬过这段稀松平常又充满不确定性的时光，因为“人类历史上那些伟大的时刻，在出现之前，都经历了长时间的酝酿和势能的积累”。多年以后，回首来路，这段充满痛楚犹疑、不堪回首的日子，必将成为“闪亮的日子”。

"闪亮的日子"，更是美好的心愿与祝福。每一位走上 IPO 之路的创业者的小小梦想，都是要走到上市敲钟的那一天去享受那"巅峰时刻的抱头痛哭"；每一位来读 DBA 的同学，都期待论文通过、学位授予、流苏拨动的那一刻。这些令我们无比憧憬和向往的闪耀的时刻，激励着我们前行，是我们期许中最为"闪亮的日子"。

就这样一路想着，我开车驶过钱塘江畔，开过太子湾，在杨公堤上经历六座桥的起伏，抵达求是路。当玉泉校区老河山上青翠的草木若隐若现的时候，也意味着抵达公司了。真是一程完美的上班之路，一段完美的思考之旅。

四天之后，看到庆洋收到礼物时两眼放光，被寿老师叫起来回答"什么是幸福"这个问题时，他露出无比兴奋又幸福的眼神，我猜想，这个礼物算是送对了。

管理大师德鲁克一生著作等身，然而他个人最喜爱的一本书却是他的随笔集《旁观者》。他说："在我的著作中，没有一本反刍的时间像这本这么长——二十年来，这些人物一直在我脑海中挥之不去，行、住、坐、卧，无所不在。"

在我们的班级，同学们优秀且谦逊，智慧又勤奋，我常常自愧弗如。相较于躬身入局、令人钦佩的创业的同学们，我更像一个“旁观者”，因着偶尔可以朝夕相处的便利，以及坦诚相见的交往，我试着在力所能及又兴趣所至的范围内，用文字尽可能捕捉并传达到他们“难以想象的那种韵味与感觉”。

三个女人一台戏

“刚才，第二组戴水君同学在分享中提到了娓微同学的公司用期权比较多。那接下来就请娓微同学来分享一下想法：从创始人的角度，怎么看待给员工期权激励？到底算不算费用？”正在线上讲授 DBA“会计与公司治理”的新加坡管理大学会计学院程强院长忽然点名同样线上听课的娓微。

“我认为这要从短期和长期两个方面来看……至于期权是不是算在费用里，我之前以为没什么影响，现在看来对利润好像是有些影响的。”娓微娓娓道来，虽然她对我在小组作业中忽然拿她公司举例毫无防备。

一边回答老师的课堂提问，另一边我们三个女人的小群“通往千亿企业的路上”也炸开了锅——

“哈哈，都是我的错，给娓微挖坑了，幸亏你没开小差。”线下的我不厚道地笑开了花。

“哈哈，突然被惊醒，我感觉水君姐比我更了解我们公司，尴尬。”娓微虽“尴尬”但不失礼貌地回应道。

“这下子公开了。水君比你还了解你们公司，我也刚想这么说。”周玲不失时机地附和道。

“哈哈哈哈！”

隔着屏幕都能“听”到的一阵阵爽朗的笑声、时不时跳出的一串串搞笑的表情，以及时而一本正经地严肃讨论、时而无伤大雅地调侃、时而神神道道地八卦，使我们原本严肃的学习充满欢乐。这不，就连如此深奥的专业课都被我们上出了娱乐节目的感觉。

时钟拨回到一个月前的那个周末。从上海参加完DBA 访学，我直飞深圳，在宝安那看得见大海的写字楼里，和娓微的那些 95 后、00 后员工们分享了“企业上市与员工成长”。

晚上，同在深圳的周玲同学过来，我们仨汇合在壹方城一家餐厅。正如我后来在朋友圈写道的：“多年以后，我们一定都会记得，在深圳深秋的深夜，在一口气吃下五个生蚝之后，你们立下的光芒四射的伟大梦想……”也正是在那天深夜，我回到酒店沉沉睡去，一觉醒来之后，发现她俩已经热络地聊了一晚上创业的梦想，三个人的小群被“商业计划书”刷了屏，群名也被改成了“通往千亿企业的路上”。

周玲是外企高管、白领精英，她简约精致，总是精神抖擞、干脆利落。她是个学霸，一边读着中欧商学院，一边和我们一起念 DBA，目前正沉迷于“大企业如何承担更多社会责任以赋能供应链上的中小企业”以及“ESG 理念如何在中小企业落地生根”而不能自拔。她严谨细致，在群里的发言多为“最近在看论文”“这篇文章非常好，论证严密、完整”或“这个数据哪里可以查到”“这个问题没听明白，得再问问老师”，等等。与我不同的是，她和娓微一样，对创业项目、商业模式很感兴趣。

所以，那天晚上，从深夜到凌晨，在那家餐厅，我就叉着双手抱在胸前，温情脉脉地看着她俩一边喝着英式红茶，一边神采飞扬地谈论着创业项目，从家居到健身，从跨境电商到供应链，两个人谈得不亦乐乎。记得当时谈到激动处，娓微拿起一根筷子，在盛着碎冰块的托盘上画起了“模型”，没想到模型才画了一半，服务生便过来殷勤地把盘子收走了。娓微的手举在半空中无处安放，我故作悻悻状地摊了摊手，和周玲相视一笑："完了，千亿模型就这样夭折了。"

后来她俩说，我当时的表情就像一个久经风霜的老人，慈祥地凝视着两个不知天高地厚的年轻人，心里暗暗地想："瞧这两个异想天开的家伙！"我说："不，不，不是这样的，你们不知道我正纠结着呢？我是在想，有朝一日，当两家千亿市值的公司摆在我面前，我该去哪一家做董秘呢？两边都是好朋友，这简直太令人苦恼了。"我一本正经地开玩笑道。

又是一串银铃般的笑声。由于被服务生催打烊"赶"出了餐厅，笑声便久久回荡在深秋零点以后的深圳夜空中，这份欢乐也久久绽放在我们心间。

"世界上最美好的东西，莫过于有几个头脑和心地都很正直的朋友。"若不是亲身体会，万万想不到在我们这个年纪，还能交到如此志同道合又能毫无压力交往的朋友。我们都相信，人与人之间的交往，最初是因为血缘关系，后来是志趣相投，而到了我们这个年纪还能做朋友的，更多是因为价值观的吸引。正因为如此，才在交往时同频共振、心生欢喜，彼此守护心中的热情和生机，也能感受生活的妙趣与美好。

故城，蕴藏着人间的喧嚣与沧桑旧事，
丰富着心灵的阅历与遐想。

第二章

回望是为了更好地前行

那些上山采茶籽的日子

2016 年，阿里巴巴集团在我的家乡常山举办了浙江省首届年货节,常山的朋友们用家乡美食把朋友圈刷了屏。

记得那时半夜醒来，看了刚发布的常山胡柚微电影《每一口都是爱》，真挚、朴实又熟悉的场景让我仿佛回到家乡的胡柚林和山茶园。

早上，读了秦朔朋友圈推送的《春天的花开，秋天的风以及冬天的落阳》，回忆他二十多年前与吴晓波在复旦大学新闻学院读书时的青春往事，发黄的旧照片上四个青涩少年有着“自由而美丽，而且带着一点不屈不挠的刚性与责任的青春魂”。让我怀念起在家乡常山生活和求学的岁月，以及那些拥有无数快乐往事的青春伙伴。

我没有见过土榨茶油的场景，却参加过整个茶油产业链中最艰难的高山“采茶籽”劳动。读高中的时候，每年秋游，学校安排的都是帮助国有林场“采茶籽”。每个人都有任务，大约是每人百把斤，男生分到的任务多一些，女生少一些。

采茶籽的时间通常是在每年十月中旬，正是我的生日前后。采茶的地点印象中有两处，一是二都桥，二是富足山。当时我们有不少同学来自这两个乡镇。高二那年去的是富足山，那会儿刚分完文理科班，彼此之间还不算太熟悉。记得那天我刚刚完成上午的采摘任务，正拿出从家里带去的干粮准备开始凑合着当午饭，冒出几个同学拉我一起去王军家吃饭。那时候，几个同学的名字我好像还叫不全，就懵懵懂懂跟着他们一起去了。

从茶山上下来，穿过碎石子铺就的公路，走了好长一段田间小路，最后顺着一个茶叶厂高高的围墙走到底，拐角处一幢新建成的带院子的三层小楼映入眼帘,炊烟袅袅。小楼外面贴了砖，在一片旧房子间显得鹤立鸡群。我到的时候，已经有好些同学围坐桌前，满满一大桌的菜，男生的座位前面甚至摆上了酒，明明都还是青涩少年，却装作老成的样子学着推杯换盏。王军的爸爸妈妈在厨房里忙前忙后，整个一楼成了稚气未脱的我们的天下。后来吃吃喝喝也忘了时间，全然不记得还有劳动任务。等到想起来的时候，天色都晚了，于是男生们自告奋勇地冲上茶山，连采带摘，或是去已经超额完成任务的同学那里“连哄带骗”，终于帮我们每个人都凑足了斤两上交。

那天的心情变得很奇特：一是原本不太熟悉的同学一下子热络了起来；二是忽然间有了长大的感觉，家里的大人居然不上桌吃饭，把整个家交给一群孩子做主；三是原本很辛苦的秋季劳动课居然可以这么快乐和自由。

因为这一次聚会，我结交了之后二十多年走得很近的兄弟和死党，王军、吴世伟、徐丽江和裴建红。至于我的那些闺蜜宋群、朱锦霞、刘亚燕、鲁民当时在哪儿，有没有参加这次聚会，我已经完全没有了记忆。但是，在之后的很多年里，这个写着“大王家 42 号”的地方，与位于“胜利街罗家弄 1 号”的我的家，成了我们这群死党的重要据点。

自从王军家聚会之后，同学们就习惯了在这样的时候要去当地的同学家聚会。记得中间有一次我们去近郊徐村的小 P 同学家，午饭时，他妈妈端着一大脸盆的“菜泡饭”从桌前路过，我们赶紧起身在桌上腾出位置准备放置那盆热气腾腾的“菜泡饭”，不承想，他妈妈看也没看我们一眼，径直走到院子里去喂小鸭子了。

还有一次采茶籽是在二都桥。这回的东道主是徐忠良同学，现在康达（杭州）律师事务所的青年翘楚。去他家的时候，发现他爸爸曾在我家造房子时来帮过忙，与我父亲相熟，所以更多了几分亲切。那天早上，开始我也是在认真采茶籽的。那几天下过小雨，山林里的空气纯净、湿润，混合着小草、野花、树木的气息。露水挂在山茶树叶上，晶莹透亮，像是明亮的眼神。为了避开人群，减少“竞争”，我还特意跑到僻静、遥远一些的山林，能听到清脆的鸟鸣，还能领略“万山红遍、层林尽染”的美景。我甚至爬到了树上，愉快地收获着属于我一个人的果实——被雨水洗润过又被阳光照耀着山茶果，艳红亮泽，沉甸甸地挂在树梢，似乎是要鞠躬谢我。

尽管这幽静、美丽的油茶林令我沉醉，但我心里还是惦记着中午去徐忠良家聚会的事。因为那天是我十八岁的生日。那天我们一群人一路唱着郑智化的《你的生日》，晃晃悠悠、浩浩荡荡地走到他家，“你的生日让我想起，一个很久以前的朋友，那是一个寒冷的冬天，他流浪在街头……这世间有些人一无所有，有些人却得到太多，所以我最亲爱的朋友，请你珍惜你的拥有。”相比那欢快的《生日快乐》歌，郑智化的这首《你的生日》其实是低沉而忧伤的，而那时的我们，似乎是迷恋这种美丽而浪漫的忧伤，那歌声在心里缓缓升起，在旷野里久久回响，指引我们深深沉浸在对友情和幸福的感恩中。

不知道是不是这次唱歌留下的“后遗症”，后来徐忠良去了厦门大学法学院读书，据说还常常会在电话里弹吉他给别人听。放假回来时，还会在深夜的大街上，一路弹唱，从十字街口到西门街。这成为之后我们聚会时的谈资。

回忆是如此奇妙，能将这精彩的画面和刻骨铭心的细节串联起来。青春年少时的这些朋友，虽然由于各自忙碌的生活已很少见面，更少在一起互诉衷肠，甚至中间也有过磕磕碰碰，有过“曾经天涯若咫尺，为何如今纵是咫尺也天涯”的慨叹。但我们是该庆幸，没有如歌中所唱，“这个朋友早已不知下落，眼前的我有一些失落”。

因为时至今日，我们依然在一起。在这样一个寂静冬日，他们从亲近的往事中走来与我温暖相会，带我回到了最初的时光和那段纯净、慢板如歌的日子。

在塔山上种胡柚

关于我种胡柚的经历，最早可以追溯到小学。那时我哥刚大学毕业，带着从省城来的老师、同学来常山采风，其中还有当时在摄影界小有名气的董瑜老师。我父亲安排大家去了位于县城西部水库旁的胡柚地，我也跟着去凑热闹，董老师还给我们几个在胡柚地留了下珍贵且唯一的合影。

现在这里已经成为常山当地一家胡柚深加工公司“天子果业”的基地了。不过，我真正意义上参与“种”胡柚，是高中时。那时候，我们的学校坐落在县城塔山上，校园内古树参天、触目苍翠，从校园南麓一路拾级而上有学生宿舍楼、操场、老教学楼、文峰塔、科学馆等。我们洒过汗水的“柚香园”就在从宿舍通往教室的长长的台阶西侧，是住校生每天往返教学楼的必经之路。遇上四月天，白色的柚花开满枝头，一簇一簇花枝乱颤，整个校园都馨香扑鼻。

柚香园里的胡柚树应该是早些年就种下的。91 届的学长董阳军说，树是他们栽的，当时要去厕所挑粪，城里的学生不愿干这样的脏活，他为此还和同学打了一架。轮到我们这届的时候，果苗已经初长成。我们的工作是施肥、松土以及浇水之类。带领我们劳动的有各班班主任，以及年级组长廖诗伟老师。

柚香园在半山腰上，呈弧形，自上而下一垅一垅的，我们可以随意地爬上跳下。劳动的时候想要偷懒也是很容易的，因为有弧度又高低错落，我们女生就常常找个角落，随便在哪棵胡柚树下坐下来窃窃私语，甚至是吃零食，老师们基本上发现不了。或者老师们根本就是睁一只眼闭一只眼，毕竟多数女生在山地上劳动，有时是“成事不足，败事有余”的。而我则最爱在夕阳西下的黄昏时分，从柚香园极目远望，看袅袅炊烟，看远方天地间的隐隐青山、工厂、河流、人家。

事实上，男生的劳动也就限于挑土担肥浇水——到胡柚采摘的时候，就没有学生什么事了。记得有一年胡柚采摘的时候，老师们将大袋大袋的胡柚从正对着我们教室的山上扛下来，满脸收获的喜悦。学生们都聚在窗口看，有些胆子大的男生就在窗口大声喊叫，有的还朝老师吹起口哨。我一直纳闷，为什么果实收获的时候就不让学生参加了呢？话说，胡柚在我们老家，那是司空见惯的，特别对农村来的学生，一点都不稀罕。

关于这段往事，有记忆的人应该不多了。倒是一位同学写了一首小诗《大地》来纪念这面朝黄土背朝天的日子。那首诗发表在《语文报》上，在学校引起了不小的轰动，我至今还记得其中的两句："洒播几点春雨，奉献几缕春风。"

我从前是极不爱吃胡柚的。这一由柚、橙、橘三种水果杂交而成、发源于常山县青石镇澄潭村、胡家村的水果，清凉祛火，略带苦味。记得20世纪90年代初，当时红极一时的影星刘晓庆成为常山胡柚的形象代言人，印象中当年她说"就喜欢这苦味"。而我，是不喜欢这苦味的。上学那会儿，小P同学总是把家里带来的椪柑、胡柚、大米、番薯片放在讲台桌子下面，而我就坐在讲台正前方的第一排，课间的时候，我弯下身就可以从讲台桌子下面的缝里捞几个椪柑吃，甚至偷偷地将同学蒸饭用的大米拿到校门口去爆米花，就是不去碰酸酸苦苦、吃起来又费劲的胡柚。

工作离家以后，慢慢地爱上了胡柚的味道。起先是每次嗓子不舒服或感冒咳嗽的时候，吃点胡柚会有止咳润肺的功效。如若感冒比较严重，通常我会按老家的习惯，将胡柚连皮一起煎汤喝。虽然喝起来会非常苦（也可加冰糖，去苦味），但疗效却很好。如今的雾霾天，常常无端觉得嗓子发干，吃几个胡柚实在是不错的选择。

在网上看过一部微电影《每一口都有爱》，讲述的是一位父亲与在外工作的女儿通电话时，听到女儿在电话里咳嗽，千里迢迢给女儿送去一袋胡柚的暖心故事。之所以暖心，正是因为故事里的那对父女，其实就是我们常山人的缩影。那重重叠叠的山岭中、胡柚林里，留下了我们一大串青春年少的梦，迎接着在岁月的旅途上日复一日地赶路的异乡游子的惊鸿一瞥，以及午夜梦回。

故城，蕴藏着人间的喧嚣与沧桑旧事，丰富着心灵的阅历与遐想。

写给故乡的小情书

亲爱的故乡：

就在情人节这天，我结束了与你十天的朝夕相处，回到省城杭州。今天的杭州风轻云淡、碧空如洗；窗外，钱塘江波光潋滟、水湄流香。我也就这样，“一面看水，一面想你”，静静地回味十天来在你怀抱中度过的点点滴滴，以及因此而从尘封记忆中蹦出来与我呢喃的如烟往事。

在我生命的前十八年，我未曾离开过你半步。我所居住的“罗家弄1号”在展衣山脚下，以前叫“反帝弄383号”，那里留着我年少时代所有美好、梦幻般的回忆。

就在这个春节，当我带着我7岁的双胞胎“歪瓜”和“裂枣”回到老屋的时候，我看到我七八岁时在大门口用毛笔写的“打倒双胞胎”五个大字还依稀可见。那时候，在我家后头的邮电局宿舍里也住着一对双胞胎，作为弄堂里“原著民”的孩子王，我们与邮电局、卫生局宿舍的“新移民”们似乎有着天生的“违和感”。时至今日，再也想不起当年是有怎样的深仇大恨让我在弄堂口人人可见的醒目位置写下这般恶作剧的标语，只记得被父亲狠狠训斥，但由于墨水已渗入墙体，当时无法抹去。当然，更无法抹去的，是我心里长久的不安和歉意。

那时候，我喜欢游荡在大街小巷，一如当年那位挑着货担穿街走巷吆喝“白糖饼桂花糖麻花，要买快点，不买挑走啦”的老人家。因为，这街巷里弄就是你的“血管”，她源源不断地给我们输送成长的养分，成就了孩子们的一片天地。譬如在我们罗家弄，就有淙淙小溪可以抓小虾，有青青果园可以采桑叶、衢橘、枣子，我还曾半夜偷偷拔了同学家长势比我家好的蓖麻。出了弄堂口，便可直接奔向天马一小（我读小学的时候叫定阳书院）的操场，奔跑、跳跃、爬双杠、打球，无所不能。至弄堂尾，沿石阶而上，更可投入县城展衣山的怀抱，采草莓、拔野笋、捡蘑菇，应有尽有。所以，这一片天地无比广阔。

我的小伙伴们早在二十多年前就学会了“翻墙”到我家。无论我在家与否，都丝毫不影响他们大摇大摆地去到我的房间打牌、睡觉、听歌、看书，包括饿了的时候自己去厨房找吃的、喝的。我们就像一群野孩子，尽情玩耍，无拘无束，那些永不磨灭的细节，正如珍宝般闪烁于时光和情感的深处。我猜想，长大以后，我的个性中所蕴含着的大气、包容和始终渴望拥有自由的灵魂，都是故乡常山的自然环境和“弄堂文化”所赋予的。

如果说县城的街巷是你的“血管”，那么称乡村为你的“绿肺”不知是否合适。与你有关的乡村记忆，多在高中毕业以后，尤其是大学期间。因为高中时代结交了很多来自不同乡镇的“死党”，到了暑假，我们就去不同的乡村撒野，徐村、富足山、白石、二都桥、球川等都留下了我们嬉闹的身影。茶籽采过，野炊有过，乡间小路上回荡过我们青春的歌声。自从大学毕业留在杭州工作，每次回乡都是匆匆数日，十几年来再未故地重游。而此次回乡，受到旧日好友邀约，连续数日徜徉在乡村，深为你的美丽、洁净和日渐繁荣感到惊喜和骄傲。

在绣溪徐村，我看到文化礼堂既讲述乡村历史，又让村民接受现代文化教育，骑行道、游客服务中心、农家乐一应俱全。在白石镇不老泉度假山庄，田畴交错，隐居的小木屋掩映于青山绿水之间，有着“青山不老，绿水长流”的诗情画意。

而位于大山深处的东案梅树底，则既有“古木苍藤日月昏”的豪迈，又因溪流欢畅而有几分温柔与娇美，真可谓“静若处子，动若脱兔”了。

当然，除了美景，时常让我念念不忘的还有你千百年来精心炮制、传承下来的美食。离家以后，我常常会做同样一个梦，梦里我总沿着西门的大街一路走，一路吃美食：包子、粽子、醅糕、葱饼、油煎果、手工面、炒粉干……纵使猛然惊醒时发现只是梦一场，也是心满意足。

感谢这个通讯便捷的时代，如今，只要我告诉家乡的朋友说梦见家乡美食了，第二天我就能收到他们或快递或托人带来的美味了，“梦想成真”其实也很容易。

古罗马哲人西塞罗曾说：“世间一切，尽在脸上。”如今，都市的脸已经忙乱和漠然，而故乡啊，你的脸却因原生态而日渐迷人，焕发出勃勃生机。这生机，是宝藏，是金山银山，是那些被工业文明破坏过的城市永远再无法拥有的财富。

多年以前，顾城在他的诗中写道："草在结它的种子，风在摇它的叶子，我们站着，不说话，就十分美好。"如今，人间已少青山绿水，而你的绿未经雕琢，你的城未被尘嚣所染，你的蓝天白云洗得分明。你之所有，正是他人所羡。若多年以后，思念你的游子归来寻梦，依然能够看到草在结它的种子，风在摇它的叶子，那该是多么美好的画卷……

我的书院时光

岁月不居，时节如流，转眼间我的孩子们左宜和右宜也要步入小学了。

参加完他们的新生家长会，回来看他俩迫不及待地穿上新校服、欢欣雀跃地背上大书包，或亲密或搞怪的样子，特别是两人都缺了两颗大门牙还依然笑得那么放肆的神情，真是像极了三十多年前我初入小学的样子。

左宜和右宜就读的杭州市胜利小学，是一所百年名校，前身是“崇文书院”。我小学读的常山县城关一小，也是百年老校，那时候叫“定阳书院”。跨越三十多年，我们从“定阳”走向“崇文”，从小县城来到当年心目中的大都市。

那时候，我家离学校很近，就在学校的斜对面。该如何形容有多近呢？我记得有一次上体育课，老师吹了哨子要求整队集合的时候，我发现自己忘了穿球鞋，当我飞奔回家换上鞋子又跑回操场，同学们还在排队。

还记得那年张榜发布一年级新生录取名单的时候，隔壁的小伙伴们都跑去校门口找自己的名字。四个班级，四张很大的海报，书写遒劲有力，是那时候常山小有名气的詹肃龙老师亲笔书写的。同去的小伙伴都陆陆续续找到了自己的班级和名字，兴高采烈。我却从上到下找了好几遍，还没找到自己的名字，急得快哭出来了。后来来了几个老师，其中一位高高瘦瘦、戴眼镜的女老师过来，很和蔼地摸了摸我的头，问我叫什么名字。“戴水君。可是，上面没有我的名字。”我仰着头怯怯地说，咧着嘴巴，少两颗下门牙，“不是在这儿吗，正好是我班上的呀。”老师指着一(3)班的最后一个名字给我看，“因为你的姓，笔画最多，所以就排在最后一个啦。”

这正是我一年级的班主任江森兰老师。她后来和我家人说，我掉了两颗门牙说话的样子可爱极了，眼神里透着聪慧，让人很喜欢。

在我读四年级以前，“定阳书院”还是在的。那时候的校门是高大肃穆的石拱门，拱门顶上青石板上写着“定陽書院”四个大字，还印着建造年份、知县名号。门的左右两侧是大概一米高的花坛，花坛里种着四季常绿的冬青树。

上学和放学的时间，都有戴着红领巾和大队委袖章的高年级学生在门口检查仪容。总之，对我们这些平日里贪玩、不知天高地厚的孩子来说，这里是神圣的，只要路过这学堂门口，瞬间都会安静下来。到了 1987 年左右，这充满历史厚重感的校门莫名其妙地被拆了，装了一扇乏善可陈的铁门，至今还在。

小学校园里有一件让我很难忘的事情，就是我发现了几处“宝藏”。一处宝藏是西面临街的教学楼后面的一条狭长小巷里，那地面是几大块青石板铺就的，上面密密麻麻地记载着“×××，捐银 × 两”以及当年建造书院的一些历史情况。我经常跑到那巷子去捡一些老师从窗口扔下去的粉笔，每次我都会多看几眼那些捐银两的名字，看我是不是又可以多识几个字了。还有一处是主教学楼东南侧的一个小斜坡，堆满了教室里清理出来的垃圾。我原本去那也是捡粉笔的，后来发现那真的是一个巨大的宝藏，有各种铅笔、圆珠笔等文具，有飘着油墨香的学习资料，更惊奇的是常常会有一些五分、一角甚至五角的钞票。在那个物资匮乏的年代，这真是一种神奇的存在，至今我仍觉不可思议。

正如胜利小学俞校长在家长会上所说的，我们那个时代的孩子最宝贵的是拥有自由。想起自己在家乡的求学岁月都是“野”着长大的。那时候学校操场的西面，有个曲径通幽的四合院落，中间是个小池塘，放学以后，我们会在池塘里抓蝌蚪，玩纸船，常常是弄得浑身湿透方肯离去。

还有那会儿刚从师范毕业、才满 18 岁就分配来我们学校教美术的吴江东老师。吴老师的宿舍兼画室就在沿池塘台阶拾级而上的一间小平房里，休息时间我们都会去老师宿舍“学画”——说是学画，其实不是打翻了颜料就是折断了画笔，真是够捣蛋的。想起来，那时候老师对我们真是够耐心、够容忍的。直到今天，想到那片池塘以及池塘周边，脑海里就会浮现出桃红柳绿、和风习习、草虫唧唧、天鸣地籁的场景，尤其是到了夜晚，完全就是“明月松间照，清泉石上流”的意境了。

后来在四年级的时候，我们又换了一个班主任，是从辉埠中学调到城里来的余土瑛老师。和余老师的第一次交集是开学前几天的时候，老师走到我桌前看似很严肃地说：“你到我办公室来一下。”于是我忐忑不安地跟在老师后头，二十多米的走廊走得我腿都软了。到了办公室，老师拿出一张明信片，是全国书画大奖赛主办方寄来的，好像是我当年参加书画比赛得了个纪念奖。心里顿时不紧张了，发现原来老师明明是笑意盈盈的嘛。

“余老师，你是从辉埠中学调来的吗？”

“是啊，怎么了？”

“你们学校有个某某老师，别人介绍他和我姐姐谈恋爱，可是他戴眼镜，我姐姐决定不和他谈恋爱了。”

“哈哈，你这个小鬼灵精，怎么这些你都知道啊？”

是啊，在那个思想普遍保守的大时代背景下，我们的童年却是独立、自由、被呵护的。多年以后，当我读到林语堂先生“我要有能做自己的自由和敢做自己的胆量”这句话的时候，我深深地感激让我在童年时代自由快乐、无忧无虑成长的家庭和学校。

记忆中的定阳书院

一直想写篇文章纪念在“定阳书院”度过的小学时光。可因为偷懒，以及总以为还有悠长假期可以挥霍，迟迟未动笔。

但这两天似乎总有一股外在力量催促我快快动笔：一是前晚梦回小学校园，在池塘边抓小蝌蚪；二是今天在公众号看到文章写“东东老师”，点开一读，居然发现文章主人公是我30年不曾谋面的小学班主任、如今的“杭州工匠”、杭七中美术特色班大师级人物吴江东老师。

多少如烟往事被勾起，当时只道是寻常。

回不去的书院

我就读的常山县天马一小，始建于清朝康熙年间(1721年)，当时名为“定阳书院”。因为我家就住在学校斜对面，所以从小到大，无论上学还是放假，我的大部分时光都是在这里“虚度”的。如今回忆起来，倒也不枉，毕竟是“把时间浪费在美好的事物上”。

记忆中学校大门是古朴斑驳的圆拱门，高大雄伟，看一眼就知承载着厚重沧桑的历史；两侧有长条形的小花坛，高约一米，种着四季常绿的冬青树；最引人注目的是顶部青石板上刻着“定陽書院”几个大字，遒劲有力、庄严肃穆，落款是某某县令。

每个清晨，花坛两侧都整齐地站着两排学生干部，穿着那时流行的白衬衫加藏青色裤子。他们戴着三道杠或两道杠，检查每个背书包上学的孩子是否戴红领巾，是否剪了指甲，以及午睡时间有没有偷偷溜进操场玩耍。那时小小的我，无论是对这古老的校门，还是对这些气宇轩昂的学生干部，乃至校园里时时传来的琅琅书声，都是仰望和崇拜的。

进校园右拐，在操场一角，有个小小气象站。沿着小操场走上约三十米，是一排低矮平房。往里走，发现其实并不止一排平房，而是由一圈平房围成的长方形四合院，中间是天井，满地生青苔。继续走，则会发现原来曲径通幽，里面竟还“藏”着一个清澈的池塘。池塘并不大，被一座“小桥”隔开，桥很狭窄，记忆中我们经常在那“桥”下钻来钻去；即便只是岸边发发呆，也很有一些“小立池塘侧，荷香隔岸闻”的意境。

我们在池塘里玩纸船、抓蝌蚪，常常会踩到青苔滑倒，只得浑身湿漉漉又灰头土脸地回家。我印象中曾有一次在池塘边玩，和一个比我低一级的女生起了冲突，后来我把她的纸船给扔了，她气极了，指着我鼻子说：“我要告诉你老师！”作为一名老师心目中的好学生，听到这话，我的内心是瑟瑟发抖的，以至于之后的许多天都提心吊胆。

尽管后来的日子一直风平浪静，但我总觉得这似乎是个“定时炸弹”，所以我还是费尽心思地找到那个女生并且想方设法与她做了好朋友。到后来我才知道，其实她当时根本不知道我在哪个班、老师是谁。

十八岁的班主任

小学三年级，我们分了班，史无前例地来了位美术老师做班主任，并且这位美术老师才 18 岁，师范刚毕业。

若不是今天看公众号介绍吴老师毕业时教的是语文和数学，我一直误以为吴老师只教过我们美术。

吴老师是永康人，高高瘦瘦，略显青涩。作为一名讲普通话的外地人，在当时显得有些鹤立鸡群。记得刚来时，学校分了教室顶层的一间小阁楼给他当宿舍。那时候顶楼东西各有一间阁楼，西面是广播室，里面的广播、话筒都印着“为人民服务”；东面是吴老师的宿舍。说是宿舍，其实一共才三四平方米吧,狭窄的空间只能容纳一张小床。吴老师将床沿墙铺就，然后在靠墙那一面放了整排的书。那时我从没见过有人把这么多书放在床上“与书共眠”，感觉很新奇，印象非常深刻。

18 岁的少年，说是老师，其实是大哥哥，在大人们眼中就是个孩子。由于家住学校旁边，我和弄堂里小伙伴们大多数时间都是在校园里玩耍度过的，家长们有时也会让我们带些自家做的粽子、烧饼之类的点心给吴老师，特别是逢年过节时。这让我们得以有更多时间看吴老师作画、写字。

吴老师接受采访时说，对美的感悟，停留在小学时的一块黑板上："那天刚进校，语文老师随手拿起一块擦桌子的湿抹布，在黑板上写出几个大字——欢迎新同学。字体潇洒，至今还印在我脑海里。"于我又何尝不是如此。小时候我受哥哥影响，也喜欢舞文弄墨，奈何后来我哥到杭州读大学，我只能每天胡乱涂画。自从吴老师来了，他替稚嫩的我们打开了一扇窗，让我们看到外面的世界。当看到老师用湿抹布在黑板上写出"欢度国庆"，然后用粉笔沿水印轮廓"刷刷"几笔勾勒出潇洒的字体，再添上几个彩色灯笼，整个画面便立刻喜气洋洋起来，我小小的心灵被深深地震撼了。那是对"美"虽不能至，心向往之的憧憬。后来我也一直这样练写美术字。从吴老师那学来的这些"招数"，一直陪我走过中学、大学，让我成为班级出黑板报的"主力"。

后来过了没多久，学校把池塘拾级而上的那个小院收拾了一下，新建了几间房，有音乐教室，还有一间给了吴老师。吴老师从此有了自己的画室，于是更是一发不可收。画室处在得天独厚的池塘边，既绿树如荫可以戏水乘凉，又可以欣赏老师的国画、油画、素描，还有各种石膏像、用硬币拼接的艺术品等，因此成了我们每个暑假最好的去处。行文至此，我脑海中浮现出那“池塘生春草”的画面，就如《童年》歌中所唱：“池塘边的榕树上，知了在声声叫着夏天……”现在回想起来，那般嬉闹嘈杂的我们，该是如何打搅了潜心创作的老师啊！

就这样过了两年，等到小学毕业，老师也调到城关中学当专职美术老师。中学时我参加了吴老师的美术兴趣班，画得最多的当属“熊猫吃竹子”。记得当时最开心的事是，吴老师带我们到乡下采柳条，回来烧制成“碳笔”；我们还跟着吴老师学裱画，把废旧的报纸卷起来，再把两头用墨水涂黑，就成了卷轴……现在想来仍觉心花怒放、兴致盎然。后来到我初中毕业，班主任说要以学习为重，我就再没有学画画，与吴老师也断了联系。

大学毕业后，我留杭工作，虽然知道吴老师到了杭七中，但三十年来不曾谋面。幸好前段时间加了微信，所以也并不觉得三十年是有多遥远了。

时光清浅，岁月嫣然。于流年里写下这些往事和感悟，是镌刻在我们生命平仄韵律中平凡的温暖与感动。感谢一路遇见的老师，正直、勤奋、热爱教育，教我们求真务实做正派的人；老师爱学生如子，一如充满笑点和泪点的电影《我和我的家乡》中“最后一课”中的老师。当电影中“让世界充满爱”的歌声响起时，我的内心也涌动着温情与暖意，似乎闻到了那岁月沉淀的芬芳。

为了诗和远方

“轻轻的我走了，正如我轻轻的来；我轻轻的招手，作别西天的云彩。那河畔的金柳，是夕阳中的新娘；波光里的艳影，在我的心头荡漾。”念念不忘，必有回响。十年前的夏天，为了这时常萦绕耳畔的诗歌和诗人笔下那康河的柔波，我跟随浙江大学 MBA 访学团，漂洋过海来到了心中的远方——向往已久的英国剑桥大学。

我们的航班从萧山机场准时起飞，成功躲避了一场罕见的暴雨。后来才知道，当天早上，我们之后的航班都延误了。由于我们在香港转机的时间只有 2 小时，所以倘若第一段航班延误，后面的整个行程就完全混乱了。何其幸运，美好的旅程从航班准点开始。

初抵剑桥，即有幸受到剑桥市长接见，并参观了庄严古朴、充满历史感的剑桥市政厅。之后的半个月里，我们在剑桥教室里聆听剑桥名师亲授课程，享受剑桥传统的高桌晚宴；参访剑桥科技园以及彭博社、史密斯威廉森投资公司等名企；沿途感受了英国的风土人情，也欣赏了地道的英国话剧，与英国文化有了一次近距离的接触。“若一个人视野开阔，心里怀有一个多元的世界，其人生也会变得豁然开朗”， 从东方到西方，从喧嚣到宁静，确实，我感受到的是一个“多元的世界”。

已有 800 多年历史的剑桥大学，群星荟萃。涌现出牛顿、达尔文等一批引领时代的科学巨匠；造就了培根、凯恩斯等贡献突出的文史学者；培养了弥尔顿、拜伦等开创纪元的艺术大师。从这里走出了多位英国首相以及诺贝尔奖获得者，这些都为剑桥大学奠定了世界近现代学术文化中心的伟大地位，人们怀着崇敬的心情称剑桥大学为“自然科学的摇篮”。

因此，长久以来，剑桥大学于我，是“虽不能至，心向往之”。对剑桥的大师们，更是“高山仰止，景行行止”。如今有幸能与浙江大学 MBA 的同学们，共飨这智慧的盛宴，我分外珍惜。

本次访学课程的设置主要以创新创业和国际金融投资为主。这与我们浙江大学管理学院的“国际视野、创新能力、创业精神、社会责任”的精神十分吻合。授课者多为剑桥大学资深教授，比如，“剑桥地区高科技创新与创业”由剑桥大学三一学院院士娄睿思教授亲授，娄教授还是英国皇家工程学院、物理学会和化学会的院士；讲授“大数据对商业与生活的冲击”的白睿教授是剑桥大学商学院教授，还获得英国女王颁发的企业促进奖以及芬兰的白玫瑰一等骑士勋章。

娄教授的创新创业课程，给我印象最深的是剑桥大学的许多学者都对创业充满热情，娄教授本人就是这方面的典范。作为医疗生物领域的专家学者，他发表各类文章365篇，其中专著7部，有大于100项的专利。同时，他投资衍生公司11家，担任诸多公司董事职务。业余还爱好旅行、古董和跑车。他给这一类学者命名为“学术企业家”。学术企业家创业，不以金钱为主要目的，除了拥有知识，他们的关键属性是“动力、激情、火花”，他们渴望把科学变成实用的东西，用他们的独特的“企业家精神”去创造学术界与企业界的无缝对接。娄教授在总结剑桥地区高科技创新创业成功的原因时，特别强调了是大学、政府、行业三者各司其职、有机连接的成果。大学创造知识，行业可以“为利润管理知识”，而政府出台各类激励政策，成为协调“大学—行业网络”的接口。关于这点，在之后由霍斯利教授讲授的“剑桥现象”一课中也有所提及，在参观了剑桥科技园之后，有了更深刻的体会。

霍斯利教授在讲授“剑桥现象”时说，总共 800 多年历史的剑桥大学，其实有 785 年是不关心商业的，英国第一个科技园即剑桥科技园是 1970 年才由三一学院建立的，至今也就五十多年的历史，但是一直在“向上发展，从未衰退”。

白睿教授主讲的“科技企业的大数据应用”是我们本次在剑桥上的最后一课。我们有幸生活在这个互联网和科技大发展的时代，既享受到了大数据对商业发展的巨大裨益，又深受因数据被出售而带来的个人隐私泄露的困扰。当太多杂乱无章的信息阻碍我们思考的时候，白睿教授提醒我们：“需要注意的是，人是生活的中心点，人脑才是最有效的大数据机器。”

作为最后一课的授课老师，白睿教授还耐心地等待我们每个人完成结业考试，并亲自为我们颁发证书。当音乐响起，讲台上的投影打出中国和英国的国旗，心中油然而生几分神圣感。而国旗下方的一行文字“让我们建立起跨大洲的联系——用创新思维和创业精神建起一个无疆界的世界”，又让我油然而生几分使命感。

课程最后，白睿教授给我们的临别赠言更是给了我深深的启发与鼓舞：“如果我们能够做到这些，我们就可以成就卓越：比世故多些关怀，比万全多些冒险；比实际多些梦想，比可能多些希望。”

赴英之前，我在网上看到一篇文章《中国忙于大国崛起时，英国为何选择平静地从世界撤退？》，文章源自《华盛顿邮报》发表的专栏作家法里德·扎卡里亚的文章《英国放弃世界强国地位》，“最近在英国待了几天之后，我对这个地方已经变得如此狭隘深感震惊。英国曾经辉煌地连续充当了300年的世界强国，但现在已经基本上放弃了这一地位”。坦率地说，在此之前，我原本是向往和喜爱欧洲小镇生活的，想象着那宁静、悠闲、景致优美的场景，以为“择一城终老，遇一人白首”“岁月静好，现世安稳”就是最好的人生。但到过以后，我发现我更爱我的祖国，尤其是爱经济、文化、精神同样富有的杭州。

英国人绅士、彬彬有礼，但有时会觉得他们傲慢、保守。英国有发达的福利、教育、科技、创新体系和制度，但商场中午12点才陆续开门，下午5点就关门的现象虽然可以用“文化”去解释，却让我深深感受到这里的激情和活力在丧失。在中国，我们所感受到的是朝气蓬勃，中国人民勤劳智慧，社会每天都在变得更好，每天都带给我们新的惊喜。

当然，正如评论所说，“过去500年来一直以在物质上进取、索取和对外扩张为主基调的西方文明，眼下正试图转入一个更加内敛的新阶段，它将越来越多地专注于内省”，我也相信，英国或许并非我所感受到的衰弱与沉重，但这不妨碍我仍然坚持选择喜欢我们现在所处的这个时代，既有尘埃更有曙光、既激荡更充满希望，也就是财经作家吴晓波笔下“万物肆意生长，尘埃与曙光升腾，江河汇聚成川，无名山丘崛起为峰，天地一时，无比开阔”的激情岁月。

这段游学经历，我除了体验到世界顶尖大学的教育，感受到西方文明和文化的熏陶，欣赏到美丽的欧洲风光和宁静的乡村生活，最重要的是收获了满满的同学和师生情谊。

写到这里，我的思绪又飞回到牛津小镇上的那个庄园城堡。落日的余晖下，绿色的草坪与金黄的麦田之上，阳光洒在身上，笑意洋溢在每个人的脸上，他们手牵手，一起奔跑，一起歌唱，一起欢呼雀跃，时光在那一刻定格，留下完美。

我想这一定是童话里的诗和远方,幸福和快乐是结局。

假如真有时光机

儿子和他爸爸去兰州了，看发来的照片是在黄河边；女儿说大西北她不愿意去，要去常山看看那位带了她八年又彼此想念的阿姨，于是我坐了高铁把她送回常山。

明天一早，我要去桐乡开全省董秘例会。刚才从衢州回杭州的高铁上，我纠结了很久，心想今晚是回家呢，还是到了东站直接买张去桐乡的火车票。毕竟今天回家也是空荡荡的一个人，如果今晚直接去桐乡，就无须明天早起赶路了。甚至有一念之间我在想：不然干脆一个人去乌镇住一晚上，彻底放空一下心情。最近发生了不少事情，心情也有些杂乱。

等我下定决心坐 17 分钟的高铁去桐乡住一晚的时候，发现今晚去桐乡的高铁票都卖完了，连“无座”也没有票了。

那就乖乖回家吧，自己下不了决心的事，现实和形势总会帮你做出选择。那样你自然不必纠结了，别无选择，也不用懊悔。

书桌上放着前几天陪孩子们去浙江美术馆那里的晓风书屋买的村上春树的《假如真有时光机》。这书名倒也符合我此刻的心境，于是便读起来。

村上春树说，假如真有时光机，并且只可以随意用一次，他的愿望是飞到 1954 年的纽约，在那里的爵士俱乐部中尽情地听一场克利福德·布朗与马克斯·罗奇五重奏的现场演奏。我也拿这个问题问自己：假如真有时光机，并且只可以随意用一次，我的愿望是什么呢？

容我想一想，再想一想。不然，就让我再回到那幢 1983 年建造的、当年在全县城里鹤立鸡群的两层新楼里去看一看。如果能回到那时，也就不用我们兄妹几人今天为那日益破旧的老屋是否该做个危房鉴定，然后再决定该不该重建或是干脆就这样听之任之而犹豫不定了。

然而，世间并无时光机。村上春树说，那也就不必被从前的荣光所束缚了，就尽情地享受此时此地的美好事物吧。在全世界任何一个地方，这大概都是正常的想法。

这次回去，没有通知任何同学朋友。下了火车，叫了车去医院看望了嫂子。一向生活讲究的嫂子，前几天忽然脑血栓，当时正在医院体检，做完 B 超下来头晕。也幸亏是在医院，救护及时，目前看恢复得还可以。却给我们深刻地敲响了一记警钟——都不年轻了，不要给自己太多压力，不要让自己太劳累了。

在病房里，我们兄妹三人也是难得有时间坐在一起聊聊天，比如一起商量前面说的老房子怎么处置，说说家里的那些老古董，如八十年代的老唱机再保存久一点是不是该很值钱，以及街坊邻居的旧闻趣事等。

下了火车，坐地铁。

城星路下的地铁。天真蓝，云好美，本该是一个明亮绚丽的季节。我给宋群去了一个电话，说了自己如何纠结今天的行程，和回家的感触，以及健康问题。

最后，我自嘲地笑笑，说今天怎么感觉有种无所适从、流浪的感觉。宋群说："这样的日子很难得，你今天就好好享受一个人的时光吧。"

"水面日日微妙地变化，改换着颜色、波浪的形状与河水的流速。大小不同、形状各异的云朵不知从何而来，飘然现身之后又不知所终。河流沐浴着阳光，忽而鲜明忽而暧昧地将那白色的光影投映在水面上。”

村上春树在这本书中对波士顿近郊的查尔斯河畔的这番描写，是不是像极了今日傍晚时分的钱塘江畔呢?

自由地呼吸清新的空气，快乐地从事有专业价值的工作，尽情地共享健康丰盛的人生。

第三章 每天都是闪亮的日子

他是一个老头儿

2005年，南京大学的张老师打来电话，询问如何在以先生名字命名的奖学金颁奖典礼上介绍先生。作为先生的秘书，我深知先生一贯低调、不喜欢在公开场合抛头露面，于是我去征求先生的意见。果然，先生摆摆手，示意不要介绍他本人。见我犹豫，就对我说："要不，你就去告诉他们，'他是一个老头儿'吧。"

老头儿其实是国内知名的地产实业家，年逾六旬方下海创业，在之后短短十多年的时间里，凭借着超人的智慧和胆识，创造了惊人的财富和事业。仅这一点，就令人肃然起敬。所以，在给他做秘书之前，他之于我，就像是一个世界的高峰，可以想象，无法仰望，更难以企及。但当我真正接触老头儿之后，尤其是在他的许多凡人琐事都"曝光"于我们面前之后，我渐渐地感受到老头儿非但可敬，更有可亲、可爱的一面。

说老头儿可亲，是因为他是一个非常重感情的人。他常常说，自己最大的弱点就是时时“为情所困”。2002年，他太太患了重病，平日里一刻都不得闲的他，居然抛开所有事务，寸步不离地守在太太身边整整十个月，直到太太含笑离去。太太临终前欣慰地说：“我对我的一生是满意的，因为我尽情地享受到了亲情。”而老头儿对此的解释是：“钱没有了可以再赚，商机错过了还会再有，而太太，我只有一个。”

“知我者谓我心忧，不知我者谓我何求”，更多的时候，老头儿牵念的是国家和教育。就像他自己所说的，他本来就应该是个教育者，走上从商之路是“误入歧途”，所以现在捐献教育是他在“曲线救国”。他成立了专门的慈善基金会资助教育，在国内诸多知名大学设立了奖助学金，他上了福布斯的慈善排行榜。后来，老头儿又以“无名氏”的名义向东南亚海啸的受灾国家捐赠了50万元人民币，引来了各路媒体的纷纷猜测。

而就是这位声名赫赫又有几分神秘色彩的老头儿，生活中却非常可爱。他常常会在吃饭时把饭菜“吃”到衣服上，曾经有一次他吃完饭发现领带上沾了油污，就扯下领带说声“不要了”便扔在餐桌上扬长而去；他有时候会一个人偷偷地溜出去玩，有一次自己独自上理发店理完发，发现自己根本没钱付账，东翻西找方才在口袋里摸到一张皱巴巴的 50 元钞票；有时他也和部下打牌，偶尔会耍点小赖皮；经常扣错上衣的扣子……一切种种，都令我感受到了盛名之下的老头儿的自然真切。

当我告诉他我通过了全国司法资格考试的时候，他用很慈祥的目光看着我，对我说：“孩子，你很好学、上进，你有很强的敬业精神，让人敬佩。”言语中所流露出的真切让我动容。那一刻，我所感受到的已经不仅仅是老板对员工的认可了，更是一种长辈对晚辈的希冀。

“欲将心事付瑶琴。知音少，弦断有谁听？”这些年来，先生常有这样的感慨。我想借此小文表达我对先生的钦敬仰慕之情，并由衷祝愿先生和他的家人身体健康、事业辉煌。

他是一个老老头儿

上一篇文章中的老头儿，写下那些文字的时候，老头儿 73 岁。仿佛一眨眼工夫，时光倏忽一下就过去了。2019 年国庆节，我正在返杭的高速路上，周董事长打来电话，说了一半电话中断了，我以为是路上信号不好。过了一会儿，他又拨来电话，向我解释电话中断的原因："不好意思啊，刚才是我部队的老领导打来电话。小戴你知道吗，今年春节的时候，我好不容易找到这个老领导的电话。我打电话过去，他一听到我的声音，就喊我'小周'，说总算把我盼到了。我听到他叫'小周'，我眼泪都快掉下来了，小戴你想想，这世界上还有几个人会叫我小周。"

是的，单从年龄上看，老头儿是更老了，现在应该是一个老老头儿了。然而，若论健康状况、思维能力都丝毫不逊于当年，特别是对于创业和事业的痴迷、经营和管理理念的升华，在我看来更胜当年。每当讲起他现在所从事的事业，更是三四小时滔滔不绝且声如洪钟、中气十足。

老老头儿说，最近他在帮助一个科学家团队，他们拥有国际先进的植物提取和分离技术。于是，已 88 岁高龄的他，每天都在谋划和奔波，为了这个“造福全人类”的大项目在杭州落地。我不懂技术，也没有见过这个团队的成员，坦率地说，我心里对这个技术是否真的“全球领先”存疑。但这不影响我对他身上那股永远充满激情和热情、百折不挠、奋斗不息、追求梦想的企业家精神的敬仰。

虽然离开公司好几年了，老老头儿对我仍信任有加，但凡有点进展总不忘第一时间告诉我，尽管我也并帮不上什么忙。虽然已 88 岁高龄，但他一直关注着社会前沿的技术、理论、时政，仍然在不断地学习，他的思想也在与时俱进。特别是这段时间以来，我听到了他对过去事业的反思，对人情冷暖的追忆，以及经营管理理念的系统化阐述和提升。

譬如，关于人生的价值。他说：“我现在已经不是为了钱而工作了，我 88 岁了，要那么多钱干什么？我要为人类做贡献。一个人在世界上，如果没有能力，也就罢了；

但如果有能力，却没有完全发挥出来，没有实现他应有的价值，那是对人生莫大的浪费。科学家的作用是发现价值，而企业家的作用是放大价值，将科学成果的价值放大至数十倍、数百倍，这需要的是企业家精神。”

譬如，关于对待员工。他说：“要向任正非学习，心里有员工，‘公司考虑员工，员工考虑公司’，给予员工好的待遇和福利，让员工在公司没有后顾之忧。要搭建一个平台，让人尽其才，放手去干，把每个人的能力、潜力都发挥出来，让每个人充满自信和乐趣地工作。人人都为公司尽力，为区域、为国家、为人民做贡献。”

再譬如，关于管理型人才的选择。他说：“要选择素质好、学历高的人才。学什么专业并不重要，重要的是思维能力和组织能力，以及持续学习的能力。”他希望年富力强、具有产供销经验的年轻人来做他的“厂长”，希望精通外语和数据的高精尖人才来建设和主管他的“植物药谷”。

还有，对于过去的反思。他说：“过去我们开发房地产，到底是过于粗放。以前人们批评我们老小区品质不行，是对的。接下来要做有品质的事业，这是比房地产有意思得多的事业，可以带动一个产业的发展。”

最让我动容的，是他对过去的人和事的真情流露。如前所述，听到老领导叫小周时他说眼泪都掉下来了，因为这世界上能叫他小周的人真的是不多了；提到 2003 年爱人的离开时他唏嘘不已；对于过去创业路上帮助过他的伙伴、部下、战友他感恩；对于曾经有过过结的人也不再耿耿于怀。尤其，他深情回顾了我们在一起共事的时光，他告诉我，他六十岁退休下海创业，与我有幸共事十多年，很开心，这是人生莫大的缘分。如今他从事的事业还有不确定性，他不愿让我去冒风险，但希望我能做他一个编外的顾问。

认识周董事长近二十年，作为他的部下十几年，虽然在为人处世和思想上深受他的影响，但过去却不曾听他如此系统地阐述管理思想和人生道理。我想，这正是他持续学习和不断吸纳新生事物和思想的结果。不断学习，不断总结，不断反思，不断逐梦，这就是 88 岁老老头儿开挂的人生。

有此忘年交，人生之大幸。唯愿不辜负这份情谊和信任。

懂得“讨好”员工的老板

我的第一份工作，是在杭州的一家房地产公司。老板很少来公司，但对我很信任，所以作为副总经理的我负责了公司的许多日常事务。

我离开后，他每有事情，还是会打电话与我商量，有时还会跑到办公室来和我“通报”他和公司的近况。这不，今天一大早，他又从北京打来电话（八十七岁高龄的他，就这么任性，常常一个人到处乱跑，还说九十岁以前出差坚决不带助手）。他很客气地说：“你现在忙不忙啊？能否占用你一二十分钟的时间，和你通报一下我最近的情况？”“可以，当然可以。”我忙不可迭地回答。

可别以为我接到这样的电话会受宠若惊，我习惯了听他说好话，要知道，那时我们私下里常常戏谑地说他“不要钱的好话一箩筐”。比如，开会很少超过半小时（他是一个干脆利落的人，坐不住，说完就走），他总要先关心问候一下我们甚至家人的健康、孩子们的学习。每每完成一件大事，他会先把大家好好夸一通，然后说我要给你们奖励，要不大家出去旅游一趟吧！之所以我们会说是“不要钱的好话”，是因为有时他说了就忘了，但即使他不兑现，大家光听表扬也是美滋滋的。

《哈佛商业评论》上有一篇题为《光有激励机制是不够的，老板你还要懂得“讨好”员工》的文章，作者是伦敦商学院的组织行为学教授丹·凯布尔。看完后我深有感触。在我看来，不光是老板要懂得“讨好”员工，我们所有的管理者都当有“讨好”下属的本事才是。

文章说，领导者太过执着于结果和掌控，会加强下属内心的恐惧——他们会害怕达不到目标、害怕失去奖金、害怕失败，从而不再感受到正面情绪，实验和学习的动力也会被扼杀。这种自上而下的领导方式不仅过时了，而且会起到反效果。

领导者如果过分关注控制权和目标，忽略了对员工的关注，那么他们就会更难取得想要的结果。因此，关键在于：领导者要帮助员工，让他们觉得有使命感、有动力、有活力，这样员工才会以最好的状态去工作。

作者在文章中提出了他的解决之道，那就是采用仆人式领导者的谦卑思维，具体做法有：一是问问员工，自己可以怎样帮助他们把工作做得更好，然后仔细聆听；二是创造低风险空间，让员工想出新想法；三是要表现得谦卑。

文章最后说，仆人式领导者还能当个更好的人——而这一点，或许比帮助公司取得好的业绩更重要。从我的经历看，确实如此。在我的职业生涯中，没有什么比遇到贵人相助更重要了。因此，我现在最大的快乐也是去帮助、培养、影响年轻的下属，这是对他人和自己的一生都有意义和价值的事情。

由此还联想到《哈佛商业评论》上的另一篇文章《不喜欢表扬人的领导，你其实亏大了》。文章说，研究表明，员工对能收到领导的肯定意见是很在意的，积极肯定的意见比否定的意见更能影响他们之间的关系。

而现实中，管理者对不同形式反馈的价值和好处有一些不正确的认识。他们大大低估了肯定意见的力量和必要性。相反，他们很大程度上也高估了否定性和改善性意见的价值和好处。

员工希望管理者给予真诚、直接的意见，而管理者则倾向给予否定的意见，认为只有认识到错误才能得到改进，即形成了“快批评、慢表扬”的现象。这削弱了管理者意见的有效性，以至于达不到设想中的效果。

当然，无论是表扬还是“讨好”，都应当是发自内心的、真诚的，而不是虚情假意的。“不要钱的好话”也不是说不需要给物质激励，而是指在合适的、符合市场标准的物质激励之外，领导者可以给予“不要钱的好话”，真诚地关怀和帮助员工，特别是年轻员工。

事实上，在我的上一段工作经历中，既有一位会说“不要钱的好话”的老板，又有一位第一天上任就告诉我们，他这些年的目标就是“为老板赚大钱，为员工赚小钱”的总经理。

如此简单朴实的理念又珠联璧合的组合，既有框架又有自由，怎么会有鼓舞不起的士气和不拼命工作的员工呢？

恰如俞敏洪在《大河奔流的精神》中的一段话：

河流由岸和水构成。

岸确定了河流的方向，使水能够集中力量前行。

没有岸的约束，水就会没有目的四处横流，最后变成一片沼泽或一潭死水。

但如果没有水在岸间流动，岸的约束就失去了意义。

一个人生命的成长也应该像河流一样，既要有岸的约束，又要有水的灵动。

所以，我们要像岸一样约束自己的行为，专注于生命中最重要的事；更要有水的精神，让自己处于流动状态。

在学识上让自己钻得更深，在生活中让自己行得更远……

现在的我们才是最好的我们

有一年“五一”假期，陈董事长丽萍小姐早早买好了电影票，邀请我们看《后来的我们》，顺便聊聊她公司的发展大计。

丽萍小姐是我的 MBA 邻班同学，小我几岁，为人处世却非常成熟有章法，几年前自己出来创办服装公司，如今已是风生水起。我们结识于 2014 年去美国游学时，一次偶尔的交流让我们彼此发现对方都是蛮靠谱的人，很有共同语言。最后一天自由活动，我跟着她从早到晚逛了纽约十几个街区，一路逛，一路聊，一路吃，一路买，从此结下了深厚的友情。

她自然是一个有故事的女人。看上去娇小柔弱，却在商海叱咤风云。智慧，豁达，拼了命地工作又懂得享受生活。我们有时会通电话，她公司有事或是她有重要的决定，会打电话与我商量。事实上我对她的行业并不了解，常常也只能听听，给不了什么具体的建议，也帮不上忙。而我找她，多半也并没有什么事，只是累了倦了，想一起喝个咖啡放松一下。

前不久的一天，接到她的电话。在电话里听她很快乐地讲述自己是如何在早上四五点起来处理邮件、修改PPT、在跑步机上健身的，兴奋地告诉我她很快要办一个发布会，仿佛因为早起赚到这三四个小时的工作时间，像捡了大便宜一样兴高采烈。我不禁感慨："你太拼了，这么有激情，我是做不到的。"她忽然在电话那头大笑起来说："你让枣枣过来接电话，我要告诉她，这就是高管和老板的区别，老板要四五点起来干高管不干的活。"（此前枣枣在课堂上写，自己长大要做一名高管，理由是"没有投资风险"。）

我可做不到像她那样，并不只是工作，应该是"包括但不限于工作"。她厨艺了得，即使再忙，偶尔休息时还会做一桌精致的美食犒劳自己。还会去买些花架，再去小区里挖些泥土，号称要在家里种桃种李种春风，让一墙的玫瑰怒放。她春节去夏威夷度假，也不只是在海边喂喂鸽子，她的爱好竟然是租个大吉普扛上猎枪去乡村打野猪、披星戴月去海里叉鳗鱼……看到她的生活,我唯一能做的,也只能在朋友圈回复她几个嗤之以鼻的表情罢了。

我曾有过几次和丽萍小姐一起看电影的经历。看电影的时候，她完全不是生活中强悍的样子。在我看来，不管多么无厘头的电影，总有一“款”情节能触动她，每次她都哭得稀里哗啦，那眼泪汪汪的样子常常弄得坐在一旁的我好不自在，除了眼睁睁看着旁边同学给她递纸巾，我也做不了什么。

那天看完《后来的我们》，从电影院里出来，我很惊诧地问她：“今天居然没有哭？”“哭过了，只是默默地流泪，没被你们发现而已。”

好吧，到底是刘若英的片子，并没有把“后来的我们”的相遇拍得过于心潮澎湃、跌宕起伏，没有俗套的情节也没有刻意的煽情，而是用细腻的手法让电影表现得平实、恬静、纯粹、舒服。电影想表达的情感观是“当下的情感和冲动，十年之后，应该会有所不同……不论结局如何，我们曾经快乐过，那些在一起美好的时光一直在那个地方”。这样的初衷，既不冲击传统的价值观，又能让人有心存美好的情感回忆，在电影中的表达得体充分。

所以，丽萍小姐的哭，也是安静、内敛、含蓄的。平淡中带着深入骨髓的情感,她潸然泪下,但却没有泣不成声。

刘若英的电影和她的歌一样，“初闻不知曲中意，再听已是曲中人”。而曲中人的感受和意境，都是只可意会不可言传的，更何况这样一部包含了爱情、生活以及时光的故事。

要知道，你们的“我们”是后来的我们，而我们的“我们”却是现在的我们，是最好的我们。

珍惜生活，珍惜拥有

[注：本文写于 2001 年 2 月 2 日。我哥大我整整 11 岁，在我读小学的时候，他已经读大学。1988 年，他寄给我的“常山县天马一小五 (1) 班”的明信片落款是“浙江财经学院 7#”。六年后，我也考上了浙江财经学院，于是当年的寄信人地址成了收信人的地址，1994 年的明信片由常山县财税局寄到“浙江财经学院 61#”。信笺泛黄，往事悠悠，在我思绪飞舞的时候，儿子女儿在一旁雀跃欢舞，指着上面的图案和文字好奇地问这问那。]

又到年末。

每年元旦，老哥总给我寄张卡片，上书“把握自己”。去年换成了“珍惜生活”。后来我把这两句话印到了名片上，告诉自己要“把握自己、珍惜生活”。

昨天与朋友聊天，忽然想到一句话：“没有鞋子的人，在碰到没有脚的人之前，总以为自己是世界上最不幸的人。”很有道理吧？其实对待生活，我们更应该有一份感恩的、容易满足的心。

罗兰说，我们生活在没有变故的日子里，不觉得一切顺利进行是多么可贵、多么值得我们欣慰和感谢。日常生活只要能按部就班，没有差错，不生枝节，那就已经是置身幸福之中了。一些不必要的闲愁只是由于自己没有感觉到顺境平淡生活的可贵而已。难道不是吗？当我们在生活中碰到一点哪怕是小小的不顺利，我们都会格外向往平平静静、无风无浪的日子。比如，有一天我们生病了，哪怕只是小小的感冒发烧，我们也会很向往健康和“生龙活虎”的时候。

知足常乐，随遇而安。这并不是一种消极的生活态度。一个人的一生中激情与辉煌的时候应该是很少的，大部分时候都是平平淡淡的。关键在于自己应该有一个好的心态去面对这份平淡。“随遇而安，安而不怠”是一种好心态。一方面我们要感恩生活，安心于自己已经拥有的；另一方面我们也不能放弃努力，因为我们要力争过得更好一些。

大部分个人都认为自己的生活中还少些什么。假设他退居到一个更恶劣的生活环境中，他会向往或怀念这种生活，但他置身于优越生活中时，他总觉得贫乏和不如意。所以，当你痛苦时，想想别人更深重的痛苦吧。当你以为已经失去了生活的勇气的时候，想想世界上那些由艰苦中奋斗出来的人们吧。

愿我们都能心怀感恩，不放弃努力，以积极的心态去面对生活。积极的思维可以创造灿烂的人生。

梁实秋说：“我所向往的生活，是绚烂之极而又归于平淡。但那‘平’不是‘平庸’的‘平’，那‘淡’不是‘淡而无味’的‘淡’。”

做一个“生前有用，身后富有”的人

冬日暖阳穿过阳台，洒落在我的书桌上。

沐浴在这温暖的阳光中，听着电脑里传来的悠扬的音乐，桌上摊着一本书——《奥巴马：我的梦》。

虽然也为奥巴马这传奇的人生而鼓舞，为他一流的演讲而折服，但我没有激情澎湃，我的内心更多的是宁静平和。

书中讲到了比尔·盖茨引用亚当·斯密《道德情操论》中的一段话：“这个世界上所有的辛苦和劳碌是为了什么呢？贪婪和野心，追求财富、权力和优越地位的目的又是什么呢？是为了提供生活上的必需品吗？那么，最低级劳动者的工资就可以供给它们。”真正的激励来自何处呢？亚当·斯密说：“引人注目、被人关心、得到同情、自满自得和博得赞许，都是我们根据这个目的所能谋求的利益。吸引我们的，是虚荣而不是舒适或快乐。”认可才是真正激励人心的。是啊，人的欲望总是无穷的，为了欲望，为了虚荣，我们可能“失去自由，失去一切闲暇、舒适和无忧无虑的保证”。回想这一路走来，我又何尝不是这样。

记得刚毕业走上工作岗位时，想想等到自己在这个城市拥有一套房子，有一个温暖的小家时，便会心满意足，可以去尝试过轻松的生活。而事实呢，这一切已经拥有，并且拥有得比我曾经想要的多得多，可整个人，根本停不下追逐欲望（抑或说是“奋斗”）的脚步。时常想要辞去工作，在家好好休整一段时间，让自己能过够像今天午后这样惬意的日子。可放弃既得的一切，放弃令人羡慕的房产公司副总的职位又谈何容易。毕竟，我的人生之路才刚刚开始一小段，应该有更多的精彩等我去拥有和享受。

或许，我只是需要一个长长的假期，而不是真正的全休在家。当一个人基本的物质需求得到满足的时候，如果生活始终一成不变，每日重复过往，是否会感到空虚和无所事事？人是否应该有更高的精神追求？是的，人的本性中蕴藏着两股巨大的力量， 一是自利，二是关爱他人。或许是现实太过复杂，我们常常将善良收拢，以冷漠示人。而今天，在我思考人生的价值的时候，我更多想到了“施比受更有福”，在我的能力远远没有达到可以去做很多慈善的时候，我和我的家庭应该在力所能及的范围内对社会和他人回报更多的爱心，我们需要在休息的时候更多投身于公益事业，这或许会让我的生活和心灵都更充实一些。

在人生行进的过程中，我们应该不时停下来，回首来路，时时总结，时时校正。在人生的各个阶段，我都曾通过这样的思考，总结过往，纠正过错，确定新的人生目标。比如，在高三最后的日子里，顿悟应以学业为重，经过几个月的努力，成绩有明显提高，终于有大学可上。

在大一的暑假，为自己微积分重修痛彻心扉，痛定思痛之下在日记本上写下“身负重任而出，愿能不辱使命而归”，终于在之后的大学学业成绩上有所改观，达到留杭的条件。初入大学，面对像个小社会般的新集体，通过读《罗兰小语》等励志及教人为人处世的书籍，及时收敛自己的不羁，让原本爱出风头、争强好胜的自己变得低调平和，不再炫耀。走上工作岗位的前一夜，我在日记本上写下“唯有埋头，才能出头”“你所付出的一切都会有回报，尽管这回报往往不是马上”，引导我在之后的工作中一直踏实勤勉，不计较付出。过往的日子里，有许多这样的顿悟，纠正着我偏移的脚步。我相信，今天这关于人生意义的思考，或许也会对我今后的道路产生影响。

我们只是天地之间匆匆的过客。我们应该做一个“生前有用，身后富有”的人。

两封写给孩子们的信

亲爱的孩子们：

一不留神，你们都到了读小学的年纪。仔细想想，这些年来，我这个偷懒的妈妈还真是没有为你们做过什么。就像那天小妈妈绘声绘色地表演，她说即便在你们很小的时候，我这个妈妈看到地上有一摊你们打翻的牛奶，一定是先大呼小叫一番，然后惊动全家来清理现场，而不会在第一时间自己蹲下身去收拾残局。

虽然我觉得她表情略显夸张，但总体来说也不算冤枉我。我还常常用“懒于杂务，才能勤于思考”这样的理由来为自己开脱，这些想必你们都已经很适应了吧？当然，让你们适应的还有咱们家轻松活泼的家庭氛围。你们总是对爸爸直呼其名，还变着法子联合起来“欺负”他；你们呼朋唤友带很多小伙伴来家里玩，常常在家里“大闹天宫”，小伙伴们来了都不想走，因为我们家实在是太自由了。

你们和我说，这就是“让孩子做主、给孩子自由”。本着“快乐就好”的放养理念，你们到现在也没有上过什么兴趣班，完全没有一技之长，和你们那些能歌善舞、博览群书的同学相去甚远，直到有一天我看到那篇《那些相信“快乐就好”的家长，他们的孩子后来是否快乐》的文章后也变得有些不淡定了，让你们去上了几天的幼小衔接班……但总而言之，我相信，这些年你们还是过得快乐充实、无忧无虑的，你们生活在一个有着温暖、平和氛围的家庭中，物质生活也不至于匮乏。但是相比同龄人，你们还有一些缺点和不足，需要在未来的日子里慢慢改变。尤其是要进入小学了，你们得尽快适应集体生活，要融入群体，要听老师的话。

关于希望你们成为什么样的人，我们似乎还没有仔细思考过。蔡老师来家访时问我们对孩子在学校有什么要求，我愣了愣，说希望你们成为有健全人格的人。后来潘老师来家访也问了同样的问题，看我们全家乐呵呵的样子，潘老师干脆替我们回答了：“是不是快乐就好？”确实是这样的。但是，在你们背上书包跨入小学校门这样的美好时刻，我还是决定认真地和你们谈一谈，我们应该成为什么样的人。

其实我也是此刻边想边写的，事先并无现成的答案。写得不会很完善，这也留待日后我们慢慢去改进吧 。

根据“吸引力法则”，每个人都会成为他心中最常想成为的那个人，也会吸引来他心中最常想的事。这个法则运用到亲子关系中，就是父母按照他想成为的样子在塑造孩子，事实上这既是自私的也是有局限的。但是在你们长大成人有自己的独立思想以前，你们恐怕还真不得不按照父母想要的样子去成长，我希望你们在我们的大方向没有错的情况下能先忍受这份局限，待到你们逐渐成长、能独立思考的时候，再去实现自我的优化和突破。

奋斗在这个世界上，我们需要拥有许许多多优秀的品质，比如要有梦想，要正直，要勇敢，要感恩，要有激情，等等。但是，我决定还是先挑几项我自己的人生经验来灌输给你们。因为康德也曾说过：“毫无疑问，我们的全部知识都是从经验开始的。”

第一是要有“独立之精神，自由之思想”。人生最宝贵的东西是自由，可以独立思考的自由、可以任思想无边驰骋的自由。要知道，课堂与书本从来不是智慧的牢笼，而是思考与创新的起点。

第二是要自律，要严于律己、宽以待人。这源于我最近看的一篇文章《你有多自律，就有多自由》。文章传达一个观点“自律的人生才自由”，它告诉我们，自律是一个人从小可以培养的、最有益的习惯。我非常赞同。那么，什么是自律？我喜欢把它理解成“慎独”，简单地说，就是在独处无人注意时，仍能对自己的行为严格控制。这个话题引申开去，可以理解成我希望你们用自己的标准定义成功，坦诚面对自己真心想做的事。但是关于成功这个话题过于宏大，我们留待未来再聊。

第三是要快乐，要始终相信积极的思维可以创造灿烂的人生。当你们拥有独立精神、自由思想又非常自律的时候，我相信你们一定是快乐的。因为在那样的状态下，你们会如鱼得水、如沐春风、超然物外而又似乎自得天机。这样的状态与你们未来的人生追求息息相关，需要你们慢慢品味。

第四是要培养自己的兴趣，特别是对学习的兴趣。原谅我在这一点上也不能免俗。我当然希望你们能拥有广泛的兴趣,但是我认为任何兴趣都离不开对基础知识的学习，就算在成人的世界里，一切的事务化繁成简之后都是源于对基本规则的运用。关于学习，阅读是最好的老师，是最浪漫的教养。关于这一点，我已经很欣喜地看到“全科阅读课程”出现在你们学校的“幸福课程体系”中了。

第五是要交一些好朋友，要融于集体，与人交往要包容大气。在交朋友这件事情上，我希望你们如奥巴马夫人米歇尔所说的那样：“如果你正与某人争执，那就去化解吧。如果你心有怨恨，那就释然吧。如果你伤害到某人，那就道歉吧。就是要敞开心扉，就是要真心坦荡。”

在与人交往的过程中，要包容大气，要能吃亏。要知道，人生并非等价交换，凡事不要斤斤计较，付出总会有回报。只有这样，你们才能交到一生的朋友，这决定了你们未来人生的坐标和品质。

最后祝愿你们能始终洋溢在爱与被爱的海洋中。

看到这里，我猜想你们会觉得有些云里雾里、一知半解。许多家长也会想，和一年级的孩子说这些，是不是太深奥了？其实我也担心这点，但又不是太担心。因为我从小把你们当小大人、当朋友，习惯了，枣枣还是我的小闺蜜。当你们都能流利地背出“在我头顶，灿烂星空；道德律令，在我心中”这样令那两位大律师都啧啧称赞的名言时，我相信，你们迟早是可以理解的。学习的过程不也都是这样的吗，开始常常是囫囵吞枣，然后一知半解，最后了然于心。

想起洛克菲勒的一段话：“孩子，世界如高山，父母在山顶，注定你不会生活在山脚，父母的位置决定孩子的起点。但穷富、成败没有世袭，我奋斗、我成功才是真理。起点影响结果，但不会决定结果。”你们要记得，我们是平凡的家庭，我们的起点不在山顶，应该也不在山脚，有一个半山腰上的起点对你们是公平的，也是幸运的。

希望你们在这个允许个性张扬的“小时代”里能胸怀“大格局”，能够丢掉包袱尽情去享受成长的幸福。要知道，我真的好羡慕你们，也好羡慕我自己，可以跟随你们，再享受一次拥有无限可能的童年、少年和青春。

谢谢你们给我带来的这所有幸福和喜悦，也谢谢你们一直那么喜爱和包容我这个不称职的妈妈。

妈妈

2016 年 8 月 29 日

亲爱的孩子们：

有人说，龙凤胎是上辈子的夫妻。还有人说，女儿是爸爸上辈子的情人，儿子是妈妈上辈子的情人。那么，我们这一家子，上辈子到底是什么关系呢？我有些困惑了。

昨天晚上，妈妈下班回到家，看到右宜在写关于毅行的作业，那托着腮认真思考的模样既深沉又可爱。右宜知道妈妈对他那歪歪扭扭的字一直颇有微词，写完作业后很主动地跑过来说："妈妈，你快给我布置《写字高手》的作业吧。"妈妈还知道，昨天你们和同学们一起在江对面的最美跑道上毅行 3 公里，回到家以后，还都按计划跳绳 1500 个。难怪昨天潘老师在群里感慨："过了一个年，班上的小朋友们都懂事了很多呢。"

晚上，躺在床上，我们聊天。我问你们，如果为毅行活动取个题目，你们觉得哪句话最合适？“一个人走得快，一群人走得远。”左宜抢答道，“妈妈，我今天在毅行的时候就已经想到了你教过我们的这句话。我觉得如果一个人走的话，坚持不了这么远的。”

没错，一个人走得快，一群人走得远。上学期，你们刚刚背上书包成为小学生的时候，妈妈写了一篇文章，希望你们在今后的学习生涯中能独立思考、自律、快乐，有自己的兴趣，又能交到一些好朋友。今天，我还想再补充几点。

一个人走得快，一群人走得远。我们都要更好地融入集体，感受团队的力量和温暖。上个学期，妈妈离开了你们学校隔壁的老单位，也结束了近三年逍遥自在的脱产学习，来到了新公司，时间上没有了原先的自由，工作也比之前要忙碌许多，所以你们在学校的生活，我几乎没有参与。每次看到别的家长踊跃报名志愿者的时候，我都心存愧疚，又只能默默感恩。我深深地感谢你们的老师，蔡老师、潘老师、常老师、刘老师、曲老师等，老师们无比敬业、无比负责、无比关爱，才让作为家长的我无比放心。

还有你们的同学家长,每次活动都有他们热心的身影。假日小队搞活动，他们帮你们报名，带领和照顾你们，有时候甚至带回家里去吃饭。流感暴发，他们默默地去班上消毒打扫。小组活动，他们写剧本、当导演、做视频、写稿子、发公众号。有几次右宜问我：“妈妈你怎么不来当家长志愿者啊？”我竟无言以对。还是左宜帮我解了围，左宜说：“妈妈上班如果总请假也不好的，妈妈不是教我们要自律吗？妈妈是在给我们做榜样。”这一番辩白，虽然逻辑上也是成立的，但并不能缓解我的愧疚之心，因为我知道其他家长都是牺牲了自己的时间在为班级服务，而我没能为大家做点什么。

我希望在新的学期里，能尽己所能在我可自由支配的时间内和你们一起为大家多做一些力所能及的事。

逆水行舟、不进则退,或许你们得尝试着接受挫折了。昨天左宜回来和我说，两周以后要竞选班长了，你觉得班上吴旻逸成绩最好，他应该当班长，所以自己想去竞选副班长，还可以当各种委员。我说很好啊，同时我心里也松了一口气，庆幸左宜你能有这么好的心态。你一直是个很要强的女孩子，从小就非常懂事，说话做事思考问题都很有条理，我喜欢你和我探讨问题时那小大人的模样。但有时候我担心你太要强，一次考试或作业没做好都会掉眼泪，我有时会安慰你说：“妈妈都很满意了，你干吗这么在乎啊？”很多时候，你刻意追求的东西或许终身得不到，你不曾期待的灿烂反而会在你的淡泊从容中不期而至。所以，孩子们，你们一天天在长大，你们也将要慢慢地承担起学习的重担，也会开始面对激烈的竞争。想到尚还年幼的你们可能会遭遇挫折和失败带给你们的伤痛，我隐隐地心疼，更深深地感觉到身为家长，陪伴、引导、爱护你们的责任和重担。“积极的心态可以创造灿烂的人生”，无论如何，我希望你们在努力付出的同时，做好承受各种结果的准备。当然，爸爸妈妈在任何时候都是你们最坚强的后盾、最忠实的朋友。

“文明其精神，野蛮其体魄。”这句话其实你们两岁的时候就会说啦。那时候，戴旸哥哥在杭二中读书，有一次开完运动会回来，送给你们一个吉祥物，上面就写着这句话，你们爱不释手。昨天，开学第一天，你们的俞校长给胜利学子送出了三把幸福金钥匙，分别代表着快乐运动、静心阅读和合作共享，我觉得两者有异曲同工之妙。说实话，妈妈一直是一个比较“宅”的人，更多的时候喜欢享受独处，也不爱运动。但最近我在看村上春树的书《当我谈跑步时我谈些什么》，他说自己是“跑步小说家”，我惊讶于原来一个人跑步的时候可以思考那么多问题，写出那么美的文章。所以，正如你们所看到的，最近，每天晚上，我都会出去慢跑半小时，还请你们一起监督我。碰上天气不太好的日子，我们就一起爬楼梯，那天爬到十层，我和左宜都想放弃了，右宜说一定要坚持下去，然后你就带头跑到最前面，最后我们三个人都坚持上到十五层。

还有，关于阅读，你们都知道，阅读是最浪漫的教养，但是在上个学期，我一直没有介入你们的阅读世界，任你们随意读书。新的学期里，我想我们得制定一个阅读计划，争取能够完整地看完几部好书，你们意下如何？

好了，“人生很多事情急不得，你得等着它自己熟”，从心里说，我并不希望你们快快长大，我很享受你们现在的天真无邪，享受你们的无忧无虑，享受你们还没有长大、我也没有太老的时光。

那么，最后，让我们互致一声："情人节快乐！"可好？

妈妈

2017年2月14日

孩子们，你们可以“懒、散、慢”

一位上海退休教授在关于外孙升学路上的《牛蛙战争》一文的末尾如此写道：“你给我一片星辰大海，都不如给我一个能慢点长大的小孩。”其实，我也常常这么想。

我最喜欢每个周末的清晨，两个孩子醒来就躺到我身边来，我左拥右抱，于是“左宜右宜”。这样的时刻，我常常会和他们说：“我真的不想你们长大，一直这样多好。”

是的，孩子们，你们可以“懒”，懒于杂务，但必须勤于思考。

这是我时常挂在嘴边的一句话。虽然对孩子们来说，懒于杂务也是不应该的。但毕竟人的时间精力有限，等你们长大以后，我还是宁愿你们把专业的事交给专业的人去做，不要总是为琐事、杂事所负累，不要把自己的生活弄得一团糟，过着焦头烂额的日子。不过，记得要把从“杂务”上省下来的时间，用于独立思考。哪怕是发呆。

你们恐怕体会不到，我常常一个人在咖啡馆里一坐一整天，似乎什么事都不做的时候，很是快活。有时候是一个人，偶尔是两三个聊得来的人，许多美妙的念头、豁然开朗的感觉、行云流水的文字都来源于那样的时刻。

我欣喜地发现，现在我已经可以和你们一起思考了。记得有一次晚饭后散步，右宜向我告状说左宜没有经过他的同意动了他的玩具，这是属于他的私人物品，是不应该的。我马上肯定了右宜的观点，我说私有财产理应得到保护，在古代欧洲，即使是属于穷人的一个破草房，也是“风可以进，雨可以进，皇帝不能进”。当然啦，你们作为姐弟、好朋友，理应懂得分享，相互分享，快乐就是双倍的。你们若有所思，一路上叽叽喳喳讨论个不停。

前几天，你们和我讲《三字经》里的“人之初、性本善”。我说，其实人之初，到底是性本善还是性本恶，是有争议的，比如荀子就认为人之初性本是恶的。你们俩都饶有兴趣地探讨这个问题，后来左宜说，她也觉得人之初性可能是本恶的，说了理由一二三。那么有见地、有条理，我好喜欢。和你们的探讨，也勾起了我的回忆，于是我们找出 1993 年华语大专辩论赛总决赛的视频，我告诉你们那四位风度翩翩的辩手，当年是如何意气风发，我们一起重温了蒋昌建那排山倒海的总结陈词：“我们要挽狂澜于既倒，扶大厦于将倾。”之后，左宜问我：“那我们胜利小学以后会有辩论赛吗？”

不介意你们有时候会在生活上偷懒一些，就像我懒得在可以睡懒觉的周末大好时光穿过大街小巷送你们上兴趣班一样。我就喜欢和你们共度一些看上去无谓的时间。就像梁文道说的：“读一些无用的书，做一些无用的事，花一些无用的时间，在一切的已知之外。”

让我们一起偷懒，一起把时间浪费在美好的发呆上面吧。是的，孩子们，你们可以“散”，形散而神不散。小时候，老师教我们写散文，说得最多的一句就是“形散而神不散”，是说写散文时，形式、取材、表现方法都可以不拘一格，但是所表述的中心思想还是要明确而集中。

这句话用到对你们的家庭教育中，也是很合适的。我们家该是有多自由、多民主啊，你看你们，给家里的每个人都起了外号，并且每天都深情地以外号呼喊我们，我们丝毫没有制止你们。

我们想给你们设定的，只是一个大的框框，在人生观、价值观等原则性问题上必须牢牢坚守，而且我要求你们做到的是“高尚”。希望你们有良好的心态、包容的胸怀，在学校要遵守学校的规矩，要养成好的习惯，有“大河奔流的精神”。一个人生命的成长就像河流一样，既要有岸的约束，又要有水的灵动，岸确定河流的方向，水永远流动、永远前行。而我想为你们提供的，是一个足够宽阔的岸，在岸的约束之下，你们可以自由自在。希望你们可以流得更自由，钻得更深、行得更远，最终成就波澜壮阔的人生。

是的，孩子们，你们可以“慢”，慢慢走，多欣赏风景。朱光潜说，人可以分为两种，情趣丰富的人，对于许多事情都觉得有趣味，到处寻求享受这种趣味；情趣干枯的人，终日拼命和蝇蛆一块争温饱。这话，特别是对后一种人的描述，可能有点过头，很多人可能只是对平平淡淡的生活无所感受吧。“读书切戒在慌忙，涵泳工夫兴味长”，无论是读书还是生活，我都不希望你们走马观花、匆匆忙忙、急功近利，宁愿你们慢慢来，就像“牛蛙外公”醒悟后写的，童年之所以可贵，并非在这个时间学会最好的东西，而是让最好的东西能延长时间，家长的职责理应是平整土地，而非焦虑时光——去做三四月的事，等到八九月自有答案。

所以，既然你们摊上了我这样一个懒、散、慢的妈妈，就让我们在你们的童年时光里尝试着过懒、散、慢的生活吧。但是，这个“懒”可不是“懒惰”的“懒”，“散”也不是“散漫”的“散”，“慢”也不是慢吞吞低效率的“慢”。

少年不知愁滋味

不得不说，八九岁这个年龄段的孩子是好玩也好“坏”的。公办小学的课业压力不那么重，除了女儿每周三放学在自家楼下练习两小时的绘画外，我也没有给孩子们报其他任何课外的培训班了。孩子们无忧无虑，不知愁滋味，我也自然不必自寻焦虑。

小学的课程安排丰富多彩，活力选修、节气课程、各种课间活动，让我这样的家长觉得很“舒服”。这个学期，儿子阴错阳差地选了尤克里里的选修课程，才上了三节课，每天回来都抱着个尤克里里弹着五音不全的曲调，还经常晚上在跑步机上一边跑步一边哼歌，弄得我一听门铃响，就提心吊胆地担心是不是楼下邻居上来投诉了。昨晚他从电脑上下载了乐谱，说自己的目标是等到这学期上完，能够弹一曲《那些花儿》给妈妈听。

昨天看女儿的班主任老师发的朋友圈，是孩子们写的“职业理想”，有的同学写长大要当游戏设计师，有的写要当考古学家，有的写要当科学家、探险家、主持人。我在一张写着“我的愿望是当一名高管，一是因为可以为大家付出，二是没有投资风险”的小纸片前端详了许久，不敢辨认是否是女儿的“理想”。后来看到其他家长在朋友圈留言竞猜说这个是左宜写的，并且被老师确认后，我才敢“认领”。

回家后，我“盘问”她：“为什么说做高管没有投资风险呢？”她说：“你讲的呀，我以前问你为什么不当老板，你说老板和高管的区别是，老板要承担更大的风险和责任，做高管风险没有那么大。”好吧，真理总是越辩越明，希望你在“误入歧途”的路上早日悬崖勒马。

然而，误入歧途的常常是我。每天我一回到家，两个孩子就拿在学校学的、书上看的题目来考我。比如说，让我连续说十个“有”，等我说完十个“有”，他俩马上问我，“你和猪有没有区别？”我下意识地回答“没有”，于是两个人笑得直不起腰。还有，让我连续说五个“月亮”，再连续说五个“月饼”，然后问：“后羿射的是什么？”我回答“月亮”，于是又被一顿嘲笑。看我工作忙，回家晚，就安慰我说：“没有关系的，你现在吃的苦，会照亮未来的路。”

这个周末，杭州民办小学招生、家长连夜排队的新闻刷了屏。而我们，正在公办小学的“温柔乡”里享受着老师和学校满满的爱、真诚的爱，在我看来，合适便好。

二十年后，当你们和小学的老师同学们一起打开这宝盒，将会是怎样一番情景和体验呢？以沉默？以泪水？以雀跃？以欢欣？

也正如蔡老师在群里发的引自《中国教育报》的文章《父母，毕业 20 年去参加同学会，你会知道为什么不必为孩子的成长焦虑》，文章中得出这样几个规律性的结论：一是人生并非环环相扣，敲门砖并不可靠；二是真正决胜千里的，是一些考试之中不考的能力；三是没有绝对意义上的成功，人生成就并非来自优胜劣汰，幸福的来源参差百态；四是亲密积极的关系，是对孩子最好的教育投入；五是不按自己真实意愿生活的人生，沉没成本非常高。所以，能够决胜千里的，永远是内心的力量，跟外界那个看似喧嚣的世界无关。

当我写到这里的时候，瞄了一眼女儿的写话本，她似乎刚刚完成今天的写话（吐槽妈妈）作业，大致是写我早上给她做的鸡蛋饼如何失败，而她做的蛋糕如何成功，结尾是：“专业的事还是要交给专业的人做，比如我负责做，爸爸负责烤，妈妈负责吃。”

哈哈，果然，“专业的人做专业的事”。在写坏话这件事上，我显然会比女儿专业的！比如，我可以写在书里。

凡事竭尽全力

早些年看过稻盛和夫先生的《活法》，但也仅仅只是“看过”而已，浮光掠影。今年的公司年会上，王董事长给管理层人手一本《京瓷哲学：人生与经营的原点》。

借着春节假期，细细地品味了其中的一些章节，竟然有了一些不一样的感悟。这也让我明白，随着经历的丰富和思考的深入，在人生的不同阶段读同样的书，会有不一样的理解。

稻盛和夫先生提出的，作为京瓷哲学“核心”的成功方程式是：人生·工作的结果 = 思维方式 × 热情 × 能力。在这个公式中，“思维方式”是起决定性作用的，根据人生目标的不同，所需的“思维方式”各不相同，而思维方式的提升有赖于心性和人格的磨砺，这需要较长时间的持续训练和熏陶才会有质的飞跃。而“能力”每个人又不尽相同，天赋在其中占了较大的比重。但是，“热情”却可以完全由自己的意志决定，这取决于个人的自觉。

公式中，热情和能力的分值都是从 0 至 100，而思维方式的分值可以从 -100 至 100。在我看来，对于企业的老板、管理者、员工，以及在企业发展的不同阶段，这三项分值的权重应当有所不同：对于老板而言，其思维方式在某种意义上应当比自身努力更为重要；对于管理者和员工来说，投入热情和努力去高效执行老板所确定的企业经营目标，尤为重要。

那么，如何提高这三个要素中相对容易培养的“热情”的分值呢？那就是必须“付出不亚于任何人的努力”，稻盛先生把“努力”放在了他所总结的人生和工作最为重要的六项实践内容即“六项精进”的首位。他认为，“付出不亚于任何人的努力”是一切的先决条件。对此，我的理解至少包括以下四个方面：

第一，不亚于任何人的努力，不是尽力而为，而是竭尽全力。

稻盛先生说，许多人所说的“我已经很努力了”，都只不过是他们的自以为是。在我看来，“我已经很努力了”多少就带有一些“我已经尽力而为了”的意思，充其量是一种“我会尝试去努力”的心态，甚至是一种自我原谅的主观托词。

而“竭尽全力”却是用尽一切智慧、穷尽一切办法、全情投入一项工作或学习的努力。对此，稻盛是这么要求的：“当工作中遇到困难，无论怎么想办法，反复试验不断摸索，处处碰壁，无计可施，认为自己无能为力时，此时事情才刚刚开始。只有面对现实，对产品和现场，重新审视、体察、倾听，听到‘产品对我们的私语’，找到解决问题的对策尽到最后1%的努力才能算竭尽全力。”

我在浙江大学读MBA的时候，遇到许许多多各行各业优秀的同学，大家平时忙碌地工作，休息日忙碌地上课，晚上在安顿好家庭和孩子之后开始忙碌地写作业，他们说“我这么努力，把自己都感动了”——我认为，倒可以以是否感动了自己，来作为是否“竭尽全力”的衡量标准。

凡事只有竭尽全力，才配得上说“我曾努力”。

第二，不亚于任何人的努力，是聪明的、讲求方法和效率的努力。

稻盛先生强调“埋头苦干”的重要性。我也一直相信

“唯有埋头，才能出头”。在我看来，“埋头苦干”是有前提的，应当是在正确的思维方式引导下的埋头苦干，是经过深思熟虑的选择和思考之后的埋头苦干，是以正确的方法做正确事情的埋头苦干，是懂得总结经验教训形成自己独特工作方法的、聪明的埋头苦干。

并且，这其中的“苦”不是真正的苦，是“辛苦但心不苦”。就在我写作这篇文章的同时，我看到一篇文章《如何避免低效努力的人生》，文章告诉我们，要避免低效努力必须做到三点：一是凡事要三思而后行，不要瞎忙；二是要努力理解自己所做事情背后的本质，将这些理解和思考融入工作，以提高劳动效率和价值；三是通过学习、反思和总结不断升级心智模式。

第三，不亚于任何人的努力，是乐观的、相信未来的努力。我始终相信“要怎么收获，先要怎么栽”“越努力，越幸运”。之前，我在蓝山投资做分享，其间我问：“是否曾在周围遇到非常努力的人却过得非常穷困的例子？”大家都说没有。

正如网上流传的富兰克林所说的话：“我未曾见过一

个早起、勤奋、谨慎、诚实的人抱怨命运不好。”同理，我也未曾见过一个勤奋努力的人一生都过得很糟糕。努力工作必将拥有丰厚的回报，这种回报是两方面的：一方面是精神层面的，这在我们努力的同时，就全盘接纳了，比如经验的积累、个人的成长；另一方面是物质层面的回报，对于物质回报，我认为不能过于功利，应当有“只问耕耘，不问收获”的心态，因为它往往不是“马上”得到的，而很可能会在某个水到渠成的时刻对你涌泉相报。

第四，不亚于任何人的努力，是创造每一天并享受每一天的努力。

稻盛先生倡导要做一个“浪漫的追梦人”，以创意精神来支撑平凡的努力，也就是在工作中要有创新，通过“让今天比昨天做得好，明天比今天做得好”这样不断地创新、改良、进步来消除对工作的厌倦感、培养对工作的热爱，从而取得事业上的巨大飞跃。

稻盛还强调“人生的富足感源于自己的工作”，也强调兴趣是最好的老师，但是他认为那些仅从兴趣爱好中获得喜悦的人是因为他们未能认真投入本职工作中。这是鼓励我们每个人应当努力去寻求那些令我们感兴趣的工作和生活方式。所以，我所说的“创造每一天”是到工作中去创造，而“享受每一天”不仅仅是享受工作，也包括享受生活、享受一切美好的情感体验。

最后，以书中引用的一位美国大学教授的夫人写给稻盛的诗作为本文的结尾：

此刻我心灵的琴弦被抚动

因你那充满睿智的言语

成功路上的璀璨明灯是你的方程式

倾尽热情的努力加之以能力的支撑

还有乐观的思维方式越多越好

这乘积的结晶还需坚固的结构维护 让爱倾注其中越多越好

无数的经验历程造就了人生的炉窑

孕育了无数新发现在你的方程式之下

不可不知不可不晓这人人通用的方程式

它是人生路的指南针无可怀疑真实不虚

你那积极的人生观可谓泽被苍生

受益者何止百万

我能了解我能明白若问为何

因我亲眼所见亲耳所闻

并且相信并且信任

发呆是一天中的重要时光

管理学教授陈春花老师著有一套散文集，名为“春暖花开系列”，有《大学的意义》《在苍茫中点灯》《波尔多之夏》等。

在《波尔多之夏》的自序中，陈老师这样写道：“或许与个人的性情有关，大部分时间我喜欢安静之地、安闲之时。虽然时时在都市喧嚣之中，繁杂琐事之境，但是总在寻找那个属于自己的空间，让自在的状态可以呈现出来。”

在《大学的意义》中，陈老师说最喜欢大学校园，“在静籁的夜晚，窥见明亮的星；在明朗的早晨，迎接绚丽的朝阳；在宽敞的教室，汲取丰厚的知识；在宽广的校园，锤炼健壮的体魄。画一般流过的岁月，雕刻属于学生的情节，也让温暖就这样恒久地温存着”。

村上春树也说：“说起来，我是那种喜爱独处的性情，表达得准确一点，是那种不太以独处为苦的性情。”

我也是。尽管我不会刻意把自己排斥在群体之外，但我也喜欢独处。对我来说，独处绝不会和“孤独”画上等号。发呆是我一天中的重要时光。就如我喜欢的那句话：一个内心丰富的人既不害怕独处也不害怕人群，因为他们可以在独处时心中绽放大千世界，也可以在人群中保持一份恬淡清寂。

并且，我也喜欢校园。“我想我得进一个学校，去学些我不明白的问题，得向些新地方，去看些听些令我耳目一新的世界。”五年前，我重新背上书包，去浙江大学读了脱产的 MBA。每天就像在校的学生一样，过着教室、食堂、图书馆几点一线的生活，读书、写作业，有时和同学三三两两地去喝咖啡聊天，在草坪上散步，参加各类“头脑风暴”。

那段时光是我一生中最快乐、最心无旁骛的时光。一是已经成家立业，有了一定的基础，无须为经济太过操心；二是工作了一段时间，带着问题去读书，相比学生时代盲目选择专业为一纸毕业证书而学习，更有兴趣和自己的主见，已经“知道自己要什么”；三是工作后选择来报考 MBA 重新学习的人，多少还是有些“志同道合”的，再加上统考、面试的机制，浙江大学以它的标准和价值观筛选了一通，最终能留下来的同学们，就更有些情投意合、惺惺相惜了。

幸运的是，我工作的地方就在浙江大学玉泉校区旁边。如此这般，倘若没有特殊情况，对我来说，每周固定一两次的午休时间去校园里发呆便是我极为重要的时光。

天气好的时候，我会在校园里走走。沿着枝繁叶茂的平缓坡道，径直往前可以走到图书馆的位置，两旁是学生宿舍、教学楼，都是些古老的砖瓦建筑。三三两两、成群结队的学生来来往往，那满脸的阳光，一望便知是充满自信的、优秀的。

大部分时候，我更喜欢点一杯咖啡发呆。以前会去楼下的 1897，偶尔也去校医院对面的达克布蕾，现在大多会在食堂午饭后走进网红餐厅点上一杯冰麦斯威，然后安静地坐上半小时。“喜欢发呆的人，心里一定有另一个纯净的世界。”没有这番体味的人，恐怕不会知道，那种朱自清笔下的“什么都可以想，什么都可以不想，便觉得是个自由的人”，是何等的畅快。在这个时候，你会觉得，周围为名利而往的人们是何等虚无，而你，竟然还可以追随自己的内心去思考，去生活，可以不必屈从或依附于某个人，可以拥有这份宁静，内心是何等的知足和骄傲。

思考与文字所营造的一切,也给了我无法言喻的帮助。过去很长一段时间，我不太写东西了，似乎因为工作生活的忙乱静不下来，就不能写东西，或是非得认认真真构思一番立意与内容方才肯下笔。

但最近有些改变，就是如前所述的，思考和文字所营造的一切，会给我以无法言喻的帮助。随意地记录下某时某刻不着边际的想法、心情点滴，并不完全是要给别人看的。如是，不着边际、自言自语又有何妨呢。

“更为自发，更为向心”，或许是对自我更好的交代和沉淀。

苍茫的月下，什么都可以想，什么都可以不想，便觉得是个自由的人。白天一定要做的事情，一定要说的话，现在都可以不理。这是独处的妙处。我且受用这无边的荷香月色好了。

那些单纯的喜欢，后来都会以另一种方式回报你。

譬如文字。

想明白，活明白

一直以来，我都觉得自己是个很幸运的人。虽然已人到中年，但也还是简简单单。以前在房产公司的时候，就生活在一个温暖的大家庭中，特别是从怀孕生孩子到家长里短的杂务，都有小外婆、大妈妈、小妈妈等一堆婆婆妈妈帮忙照料。现在呢，孩子们又遇到一群好老师、好家长，平时我们回家晚，有时候两个孩子不一起放学，很多家长都在帮我们，梁妈经常把我的两个小孩带回家去好吃好喝，写完作业又送回来。就在刚刚，恬恬奶奶又在微信上发来信息，说放假了让孩子奶奶早点回老家休息，她一家可以帮助我们照顾孩子，真叫人感动。

这也更坚定了我最近的思考：自由地呼吸清新的空气，快乐地从事有专业价值的工作，尽情地共享健康丰盛的人生。我想，积极进取而又简简单单的人，会更容易赢得尊重与信任，也可以更好地帮助别人。

读小学三年级的女儿和我说，她最近一直在思考三个问题："为什么我是我自己？为什么我会在这里？为什么此时此刻我会在思考这个问题？"小小年纪就思考这么深奥的问题，真叫我惊讶。我说："这恐怕是哲学问题，或者是物理问题，大概需要用量子纠缠或是平行宇宙的知识来解释，然而我并不懂，所以无法回答你的问题。"

想起二十多年前我读大学三年级的时候，也问过自己三个问题："如果我不为自己努力，那我靠谁？如果我只为自己努力，那我成了什么？如果我现在还不知道，那要等到何时？"相比女儿，我发现自己不但后知后觉，并且现在回想起来，那时可能只是觉得这句话的文字好，而并没有真正认真去思考这三个问题。

时间太瘦，指缝太宽。倏忽间又过了二十多年，不知不觉地就过了随意任性的年龄。前几天和一个朋友聊天，我说现在不太热衷于参加一些热闹的活动，但也并不觉得天地窄了，反倒是越来越享受内心世界的广阔无垠。朋友说："那是因为相比很多人而言，你已经'想明白，活明白'了。"我想了想说："对了一半——想或许是想明白了，但'活明白'尚需付诸实践。"

正如村上春树所说："重新思考是我的特长，这特长随着岁月流逝而愈加洗练。"无须再连珠炮式地追问自己一连串的问题，只需想明白一个问题：你到底想要拥有一段什么样的余生？在不久前的某一个清晨，我突然间就顿悟了。余生，我要"自由地呼吸清新的空气，快乐地从事有专业价值的工作，尽情地共享健康丰盛的人生"。未来无论工作还是生活中的每一项重要决定，都要以是否有助于实现以上三点来衡量，其中的关键词是要自由、要清新、要快乐、要专业、要共享、要健康丰盛。

我身边大多数职场人士都在苦苦追寻属于自己的自由——财务自由、时间自由、心灵自由。然而，什么是真正的自由？独立自主、做自己想做的事、去想去的地方就是自由吗？我以为这些还只是表面的自由。康德说，所谓自由，不是随心所欲，而是自我主宰，所以真正的自由是心灵自由，应是一种精神状态，是那种没有恐惧、不安和勉强，不依附于他人、内心高贵的精神状态。"你有多自律，就有多自由"，一个高度自律的人必然气场强大、内心自由。从这一点上说，我以为心灵自由并不一定以财务自由和时间自由为基础，看似最高阶的自由，其实也并不是最难获得的，关键在于自己的心态。

要呼吸清新的空气。“清”是清清爽爽、简简单单。正如极简主义——要明白这世界大部分的事，大部分的人都是和自己无关的，我们一生做任何事，走过任何澎湃的人生，最终都会归于极简。所以，呼吸清新的空气，不仅仅是自然的，更是内心的清新，一如将自己置身于大自然中，感受视野开阔带来的身心愉悦。

“新”则是要打开心窗看外面的世界，不故步自封，要悦纳新生事物。“快乐地从事有专业价值的工作”，要快乐。在我看来，人生要实现两大价值，一是创造价值，二是快乐价值，要“创造每一天，享受每一天”。几个月前的一天，女儿和我说：“你现在的状态，我帮你总结了五个字，那就是‘找不到快乐’。”我幽幽地看了她一眼，心里暗想“这个小精怪”，却又情不自禁地回了她一句：“情怀无处安放吗？”人到中年，有稳定体面的工作，有活泼阳光可以谈心的孩子，有积极向上的朋友圈，有坦然、不卑不亢、充满温情与爱意的生活状态，没有理由不快乐。并且，完全可以有更广阔的天空去让自己更快乐。

要专业。就工作而言，我欣赏“专业主义”。专业可以让一个人着迷，专业可以带来快乐，让劳累的工作“辛苦但心不苦”，所以要“快乐地从事有专业价值的工作”。

“尽情地共享健康丰盛的人生”，要共享。“穷则独善其身，达则兼济天下”，像我们这种不穷也不达的芸芸众生呢？我的理解是要在力所能及的范围内与身边的人共享健康丰盛的人生，互相传递美好、分享快乐，不苟且、不敷衍，懂得分享和分配，以真诚作为社交唯一的技巧，以助人为乐。一个人的领导力和影响力，并不来源于说什么，而在于能做什么。“财散人聚，财聚人散”的道理，说的不仅仅限于“财”，也包括各种资源，更有不吝赐教，不吝助人和“众乐乐”的含义。身边的人都这么优秀，可真不能错过。

健康丰盛的人生，健康自是不必言说，丰盛则意味着充实、有意义以及积极、灿烂、阳光。

从补习班说起

趁着难得完整的周末，带孩子们去看了网上评论“毁誉参半”的“银河补习班”。“毁”是因为有评论认为这一碗“鸡汤”用力过猛了，情节与现实有距离，教育理念难以让现代人引起共鸣；“誉”则无疑是对片中的教育理念的赞同，引导孩子独立思考，勇于尝试，找到自己喜欢的事，并追寻梦想。

每个人成长的时代、环境不同，对同样一部作品的感受会大不相同；当然，即便是成长的时代、环境相同，个体的思想、个性不同，对同样事物的看法也会大相径庭。譬如儿子看电影时始终笑得很爽朗、很投入、很无邪，时不时发出“咯咯咯”的笑声，引得全场都笑。而女儿则文气多了，对弟弟的夸张表现，她侧面而视，表现出对小屁孩的不屑。当看到片中一些具有 90 年代鲜明时代印记的场景，便小声与我交流。看到感人情节的时候，又时不时地将头垂到我肩膀上，或轻轻地握紧我的手，我便也觉得很温暖，很默契。

从我的角度看，影片中有三处是打动我、引发共鸣和思考的。一是教育理念，始终保持与孩子的平等交流，倡导孩子独立思考，生而为人要正直、有自己的追求，不随波逐流；二是片子塑造的人物形象，只有小人物，没有大道理，有普通人的烟火气，没有泾渭分明的“好人”或“坏人”，很贴近现实；三是时代感，从 1990 年到 2019 年的时间跨度，1990 年的亚运会，1997 年香港回归，1998 年金融危机这些场景历历在目，特别是电影插曲从《亚洲雄风》《弯弯的月亮》《好人一生平安》到《快乐老家》《好大一棵树》等，对于 70 后的我们来说是很有代入感，还原了过去三十年我们生命中经历过的那些场景，学生时代的一幕幕往事也很容易地就被勾起。

说到“补习班”，我们那时没有现在的孩子这么多的课外辅导班、兴趣班，补习班特指高复班。也并不是所有没考上大学的同学都去上高复班，有很大一部分是没有考上自己理想大学的同学再去复读一年。我没有上高复班，因为高中时不怎么爱学习的我考成那样已经心满意足了，我对自己没有更高的要求。

而我所在的文科班，有很多分数比我高许多的同学都去复读了，第二年有去了厦门大学、武汉大学的，在我看来都是又有决心又很厉害的人。

特别是我们的男生，现在想起来依然觉得很励志。记得高二刚分完班，班主任骆中成老师说："读文科以后可以考中国人民大学，毕业后可以去国务院工作。"班长的成绩很好，常年在班上得第一，那时候我们是县一中，只有一个文科班，所以全班第一就基本意味着全县第一了。班长那时的志向便是报考中国人民大学。这原本也没有什么稀奇的，但令人肃然起敬的是，在我们那个大部分人只想有个大学读的年代，在每个同学都会把五批志愿二十余所学校全都填满并且再整齐划一地勾选上"服从调配"的年代，我们的班长、一个普普通通的农家孩子只填了第一批的第一志愿"中国人民大学"。1994 年高考，记得他是上了重点分数线的，许是专业不如意，又复读了一年，第二年依然如此填报志愿，终于如愿以偿。这个普普通通的农村孩子便沿着自己设定的道路，从中国人民大学到北京大学博士，一步步实现着自己少年时代的梦想。记得多年以后，我问过他走到今天，“成功的秘诀”是什么？他说：“一是比别人看得更远一些，二是坚持。”这部影片差不多也是讲这些东西——梦想、相信和坚持。

但是，补习班也不全是励志的故事。诸如谈恋爱、打群架、看录像、打游戏这样的事也层出不穷。那时候，县城里“知名”的补习班有两家。一个是位于县城西门的“天马中学”，另一个是在十字街口，叫什么名字我也忘了。只记得那时候我们的通信工具基本是书信往来，刚刚进入大学，便有源源不断的书信雪片般从高复班飞来。这些文字的东西虽然如今已是泛黄，但毕竟都留了下来。

当然啦，此补习班非彼补习班。回到影片本身，在当前普遍的“补习班焦虑症”下，电影想传递给观众的态度和思考是：“给孩子的教育是不是只有补习班？当然不是。教会孩子独立思考的能力和永不放弃的人生态度，比各种补习班更有价值。”对，这一点，我是认同的。

这样的观点，本质在于，对人生的意义和终极目的有着与当下大多数不完全一致的看法，我对人生的追求是内心的幸福，哪怕一生平凡但只要可以享受稳稳的幸福，有儿女绕膝，有相爱的人，有书、有音乐、有咖啡便是满足，而不是非得在激烈竞争和较量中胜出。“家长怎么说固然重要，但更重要的是，让孩子看家长怎么做。”我这样说，并不是要孩子们甘于平庸、放弃努力，而是以一个更好的心态为一个发自内心的目标而努力。在这个观念的大背景下，我不认为考上好大学便是成功，不认为找到好工作便是成功，不认为成为别人羡慕的人便是成功。内心踏实安心是幸福，扬在脸上的自信、长在心底的善良是幸福，随遇而安、安而不怠是幸福，从内心感觉幸福，便是人生最大的成功。

这是一部既有笑点也有泪点的影片，朴实无华，电影插曲扣人心弦，带孩子观看再合适不过了。毕竟，“天街小雨润如酥，草色遥看近却无”这样的意境确实需要亲身投入到大自然去走一走、闻一闻、看一看才能真切感受到。

女儿的志向

俗话说，“学霸立长志，学渣常立志”，女儿是后者。小学二年级的时候，她曾在语文课上写下“我的愿望是当一名高管，一是因为可以为大家付出，二是没有投资风险”。

但是从三年级开始，她就开始立志要考上心仪的大学，时常将985、211挂在嘴边。尤其是四年级时迷上《最强大脑》节目之后，更是沉迷于探索名牌大学背后的故事不能自拔。她会把喜欢的每位选手的学校背景了解得一清二楚，并且常常把她偶像选手的故事云淡风轻地讲给我听。两三年下来，我掐指一算，这位五年级小朋友“伟大的志向”已经立了有五六次之多了。

女儿在小学三年级时立下了她人生的第一个志向——考上清华美院。理由是她喜欢画画，想考美院，然而只考美院不足以体现她的文化课成绩，艺考将不能证明她还有“学霸”风采，所以她给自己确立的目标是“清华美院”——

美院满足了她的兴趣，冠以“清华”，能证明她还是学霸。为此，我有一次去清华，还特意去艺术博物馆和她视频连线，并拍了本科生的毕业作品展拿回去给她看。

她的第二个志向是南京大学中文系。因为看到一本书叫《读南大中文系的人》，说读中文系的人能享有一种“字字化为光芒，照亮生活”的独特幸福感，她觉得很浪漫。可惜这个志向没有维持太久，就觉得念中文系是不是要以写作为生，写作文太难了，于是放弃。

女儿的第三个志向是复旦大学法学院。因为节目中她喜欢的选手毕业于复旦大学法学院，再加上之前看到的《法庭风云录》，以及家庭的耳濡目染，她觉得学法律至少在和弟弟吵架上还能占得一些优势。但是好景不长，很快，她就又“移情别恋”了。

第四个志向是哈尔滨工业大学。来龙去脉已经记不清了，反正只是昙花一现，稍纵即逝。后面的几个志向都和看《最强大脑》有关，随着脑王的更迭起伏，女儿的志向也在不停地“见异思迁”。

第五个志向是西交利物浦大学。据说第三、第四季的

“脑王”毕业于这个学校，但后来问了一圈周围的人似乎都不太了解这个学校，加上很快又有了新的“猎物”，所以很快就放弃了。

第六个志向也是截至目前最新的一个志向清华大学交叉信息研究院，也就是传说中的清华“姚班”。树立这个志向的同时，她发现兜兜转转一大圈，志向从终点回到了起点，却是“天空没有留下翅膀的痕迹，但是我已飞过”，“学渣常立志”的风格也是体现得淋漓尽致呀！

至于为什么没有想过浙江大学，她的回答是“熟悉的地方没有风景”，而曾经痴迷过“薛兆丰经济学”的她对于尚未立过考北大光华学院的志向这一点，她自己也说不出一个所以然来。

接下来距离高考还有 2000 多天的日子里，这个小小的女孩儿还将如何“常立志”，估计作为《最强大脑》超级粉丝的她，还得视每一季的脑王花落何校而定。我拭目以待。

只是，亲爱的女孩儿，我实在不知道是不是该告诉你一个残酷的真相啊：小时候，我们总是纠结，长大了是上北大好呢，还是上清华好。直到长大后才发现，小时候的自己，真是想多了。

常存单纯之心

和女儿下楼，顺便装了一碗猫粮准备喂小区的流浪猫。然而，有意栽花花不发，转了一圈都没有遇到流浪猫，捧着碗招摇过市又多少有点引众人猜疑，于是找个草丛匆匆放下，等着哪只猫儿能来一饱口福。

一路上，女儿眉飞色舞地讲述初中校园生活，显然对学校的文化、师资、伙食及种种颇为适应。提到语文老师，更是两眼放光，满脸崇拜。于是我忍不住告诉她，他俩不在家的日子，我作为“空巢老人”，把她老师推荐的必读书沈从文的《湘行散记》又看了一遍。我和她说，沈从文是我最喜欢的作家，但是钱锺书却写过一部毁誉参半的小说《猫》，据说在这部《猫》里，钱锺书讽刺了当时半个文坛，其中就影射沈从文“连大学都没有读过，学历低、身份低，总觉得别人瞧不起他”。尽管沈从文确实只有小学学历，但在我看来，他是那个时代最纯粹的作家，配得上“星斗其文，赤子其人”的评价。

我比较深入地读沈从文，其实是工作多年以后了。《从文自传》中写到他 1923 年离开湘西前往北京时有这样一段话："我想我得进一个新学校，去学些我不明白的问题，得去些新地方，去看些听些使我耳目一新的世界。"当时我正好工作稍有空闲，也想着"进一个新学校，去学些不明白的问题"，后来便读了浙江大学的 MBA，三年时光确实感受到了一个令我"耳目一新的世界"。我和女儿说："你俩何其幸运进了建兰，我帮你想了一句话来形容你现在的心情，就在你语文书的第一课，你猜是哪句？""一切都像刚睡醒的样子，欣欣然张开了眼。山朗润起来了，水涨起来了，太阳的脸红起来了……"女儿心领神会地脱口而出。

"优秀！"我朝她竖了个大拇指。

我们继续聊。钱锺书在《猫》里，揶揄沈从文"文弱语细"，其实倒也不是冤枉他。说个趣闻吧，沈从文第一次走上讲台的时候，他在文坛上已经小有名气，很多学生热切期盼，想看看这位新生代作家的课是不是也像他的湘西故事一样精彩。

作家也是精心准备，酝酿多日，没想到走上讲台的他却怎么也开不了口。你猜后来怎么样？他呆站了十分钟。十分钟后，才径自拿起讲稿来，在万般紧张之中用十分钟把一个小时的课匆匆上完，声音轻、口音重，窘迫之下，他又拿起粉笔在黑板上写下一行字：“我第一次上课，见你们人多，怕了。”就这样完成了作为教师的“处女秀”。然而，这“糟糕”的第一堂课，竟然是与他之后轰轰烈烈爱着的张兆和的初次相遇。我想若是我，那一定不希望“人生若只如初见”了。

如果说作家的第一次公开出场是窘迫的，那么老年时的沈从文就是可爱了。20 世纪 80 年代，沈从文夫妇首次出国，去往美国的妹妹张充和家。在美国时，沈从文无意中尝到了冰激凌，很是喜欢，于是张充和每天饭后都给他吃。

然而有一次，张充和忘了给他拿，沈从文就说：“饭吃完了，我走了。”见没人理会，他又说：“我真的上楼了。”大家依然无动于衷。于是沈从文起身故作要走姿态，说：“我真走了，那我就不吃冰激凌了。”大家恍然大悟、哄堂大笑，便去拿了冰激凌给他吃。

“好笑吧？”我满怀期待地看着女儿。“嗯。就这样？”

“嗯，我们买冰激凌去吧！”“好！”